柔性掩护支架采煤工作面
自然发火防控技术研究

骆大勇　著

中国矿业大学出版社

内 容 提 要

本书采用理论分析、计算机模拟、实验室实验和现场测试相结合的研究方式,对柔性掩护支架开采自燃防控技术做了较系统的研究。把研究成果应用到现场,有效地防止了李嘴孜矿孔集井－140 m A₁工作面煤层自燃。通过本书的研究,得出的结论对预防柔性掩护支架开采煤层自燃具有一定指导意义。本书主要内容有:绪论、柔性掩护支架开采自然发火研究、煤层自燃特性参数实验测试、柔性掩护支架开采采空区空气动力研究、柔性掩护支架开采采空区火源位置分布模拟研究、煤炭自燃防控实践、结论与展望。

本书可供相关专业的研究人员借鉴、参考,也可供广大教师和学生学习使用。

图书在版编目(C I P)数据

柔性掩护支架采煤工作面自然发火防控技术研究 /
骆大勇著.—徐州 : 中国矿业大学出版社,2018.7
ISBN 978-7-5646-4048-4

Ⅰ.①柔… Ⅱ.①骆… Ⅲ.①掩护支架采煤法－回采
工作面－煤层自燃－矿山防火－研究 Ⅳ.①TD75

中国版本图书馆 CIP 数据核字(2018)第 164461 号

书　名	柔性掩护支架采煤工作面自然发火防控技术研究
著　者	骆大勇
责任编辑	何晓明
出版发行	中国矿业大学出版社有限责任公司
	(江苏省徐州市解放南路　邮编221008)
营销热线	(0516)83885307　83884995
出版服务	(0516)83885767　83884920
网　址	http://www.cumtp.com　E-mail:cumtpvip@cumtp.com
印　刷	江苏凤凰数码印务有限公司
开　本	787×960　1/16　**印张** 5.5　**字数** 180 千字
版次印次	2018 年 7 月第 1 版　2018 年 7 月第 1 次印刷
定　价	22.00 元

(图书出现印装质量问题,本社负责调换)

前　言

　　本书采用理论分析、计算机模拟、实验室实验和现场测试相结合的研究方式,对柔性掩护支架采煤工作面自然发火防控技术做了较系统的研究。分析了柔性掩护支架开采采空区遗煤自然发火的影响因素和自燃火源点位置分布规律,归纳总结了柔性掩护支架开采自然发火的特点,并建立了柔性掩护支架采煤工作面自然发火火灾防控体系;采集煤样进行实验室实验研究,确定了煤层自燃倾向性,并通过人工氧化实验,优选 CO、C_2H_4、C_2H_6、C_3H_8 四种气体为预报煤层自然发火的指标气体,提出了应用 CO 指标气体预报煤层自燃的判断方法;分析了柔性掩护支架开采采空区冒落岩石的移动特征,推导出柔性掩护支架开采采空区漏风风阻计算公式;应用网络解算理论,结合采空区漏风风阻计算公式,模拟采空区漏风场分布和温度场分布,确定采空区“三带”分布范围;把研究成果应用到现场,有效地防止了李嘴孜矿孔集井－140 m A_1 工作面煤层自燃。通过本书的研究,得出的结论对预防柔性掩护支架采煤工作面自然发火具有一定的指导意义。

　　由于受作者精力和专业知识的局限,书中难免会有错误或不妥之处,恳请广大同行和读者批评指正。

著　者
2017 年 12 月

目　录

第 1 章　绪　　论

1.1　问题的提出

煤自燃是自然界存在的一种客观现象。在开采急斜煤层时,急倾斜煤层的埋藏特征和开采方法,决定了急倾斜煤层在开采过程中比缓倾斜煤层和倾斜煤层更加容易自然发火,导致急倾斜煤层自然发火的防治更困难,且当采空区发火时,也往往难以隔离处理,灾情难以消除。尤其在开采下区段时,上区段采空区的火源会冒落到下区段,此时由于下区段正在回采,也不便于及时灌浆。如果采用伪斜柔性掩护支架采煤法,则当护架后方的采空区内自然发火时,也导致无法灌浆。因此,研究伪斜柔性掩护支架采煤工作面自然发火防治极为重要。

急倾斜煤层在我国已探明的储量中约占 4%,在统配煤矿中其产量比重约占 5%。全国有 70 多个煤田开采急倾斜煤层,主要开采急倾斜煤层的矿井有 100 多个。近几十年来,我国开采急倾斜煤层应用过的采煤方法达 20 多种。由于急倾斜煤层开采时巷道掘进率高,漏风通道多,工作面推进速度慢,丢煤量大,因而自然发火比较频繁。伪斜柔性掩护支架采煤法是目前开采急倾斜煤层比较常用的方法,也是国家推荐的开采急倾斜煤层的方法之一。基于这种原因,研究伪斜柔性掩护支架采煤工作面自然发火的特征和防治方法,具有一定的代表性,为预防急倾斜煤层自然发火、提高急倾斜煤层开采的安全性有十分重要的作用。基于以上原因确定了本书的研究方向。

1.2　国内外研究现状

目前,国内外专家学者对煤炭自燃机理、影响煤炭自燃的因素、评价煤炭自燃倾向性的方法及标准和防治煤炭自燃的方法方面都做了大量的研究,取得了丰硕的成果,可以说从煤炭自燃的机理到防治方法已经形成了一套比较系统和完整的理论与实践体系。当然在这些研究成果中也还存在着不足。例如,目前所研究的各种煤炭自燃倾向性鉴定方法都存在不足,而且这些研究都是针对缓倾斜和倾斜煤层的研究,很少有针对急倾斜煤层自然发火的特点和防治方法方面的研究。目前国内外还没有系统地针对急倾斜煤层伪斜柔性掩护支架采煤工作面自然发火的防控研究。

国内的一些专家、学者在伪斜柔性掩护支架采煤工作面自然发火防控技术方面做了一定的研究。比如,我国的王海东、杨开道、郑秀安、杨胜强、张瑞华、杜荣桃等,对伪斜柔性掩护支架采煤工作面自然发火的原因及特点进行了研究,但这些研究几乎都是针对某一煤矿的,没有全面、深入分析柔性掩护支架采煤工作面自然发火的原因和特点。又如,我国的王显军、邓军、朱长河、李国玉、李书军、樊正龙等,对伪斜柔性掩护支架采煤工作面自然发火的防治进行了研究,其主要讲述了某种防治方法在具体某个矿的应用。从这些研究可以看出,并没有系统地分析伪斜柔性掩护支架采煤工作面自然发火的特征(主要包括伪斜柔性掩护支架采煤工作面自燃火源点位置分布、伪斜柔性掩护支架采煤工作面自然发火的特点、伪斜柔性掩护支架采煤工作面"三带"的分布)及合适的防治方法。因此,为了提高预防伪斜柔性掩护支架采煤工作面自然发火的理论水平,提高伪斜柔性掩护支架采煤的安全性,本书的研究是非常必要的。

国外对急倾斜煤层开采自燃防控的研究主要集中在防灭火技术上,如快速堵漏灭火技术,堵漏灭火技术关键在于密闭的气密性,而核心在于研究气密性好的堵漏材料。从 20 世纪 80 年代开始,英国、德国、法国、南非、澳大利亚、美国等国外一些拥有先进采矿技术的国家研究了多种井下密闭、填充堵漏材料,并在全世界主要采煤国家推广应用。20 世纪 50 年代初,波兰学者汉·贝斯特朗从理论上对均压防灭火技术进行了阐述,70～80 年代逐步推广应用,且日臻完善。波兰从 20 世纪 80 年代开始应用在防止自然发火和管理火区领域,但存在一定的局限性,并不能实现对火区漏风通道通风参数的连续监测。美国西弗吉尼亚大学和美国矿业局在 20 世纪 80 年代末开始研究矿井应用微机处理技术遥测通风压力值,但当时并未应用于均压通风监测,未形成完整的理论体系。惰化防灭火技术兴起于 20 世纪 70 年代,采用的惰化气体主要包括二氧化碳、燃烧后生成气体、氮气,其中最具代表性的是当时德国采用的氮气防灭火技术防治煤层自燃火灾。随后俄罗斯、波兰、英国、法国等逐渐广泛采用此技术。此法在井下运输过程中节省了许多管道铺设,既经济又高效。德国、英国当时将其列为扑灭井下火灾的一种标准方法。进入 20 世纪 80 年代,德国在制氮装置方面取得了突破,研发出可移动式注氮装置,对于井下快速灭火起到了极大的促进作用。在采煤规模不断扩大的今天,注氮量需求加大,德国、法国、英国等国家在大型制氮装置领域中已生产出了 1 200 m³/h 的制氮设备,而 5 000 m³/h 制氮机的关键技术也已取得突破。为把灭火材料更好地输送到火区,加强灭火效果,法国等许多主要产煤国家研发了泡沫压注防灭火技术防治采空区浮煤自燃。这些都是国外集中在防灭火技术上的研究,但对急倾斜煤层开采尤其是柔性掩护支架采煤工作面自然发火的防控研究目前还没有。

1.3　本书的研究内容

1.3.1　理论和计算机模拟研究

在总结前人的研究成果的基础上,结合柔性掩护支架采煤法的特点,主要研究以下内容:

(1)影响采空区遗煤自燃的因素。

(2)火源分布规律。

(3)自然发火特点。

(4)采空区漏风风阻计算。

(5)采空区"三带"分布。

1.3.2　实验室实验研究

通过采集煤样,进行人工氧化升温实验和自燃倾向性鉴定实验,完成以下研究内容:

(1)确定煤层自燃倾向性。

(2)研究煤样的氧化温升速率、煤温与指标气体之间的关系;优选预报煤层自燃的指标气体及方法。

1.3.3 现场应用

以李嘴孜矿孔集井－140 m A$_1$工作面为对象,结合实验室实验结果,主要研究以下内容:

(1)预测煤炭自燃火源与高温点分布。通过对采场周围采空区的遗煤分布、漏风分布等自燃条件的调查和分析,确定可能出现的高温点和潜在火源的位置。

(2)进行通风系统调查和参数测定,掌握采场及其周围巷道的通风压力分布和漏风源汇分布,实施均压技术控制漏风。

(3)实时预报自热动态。在预测的潜在高温和火源点的区域预埋测温探头以及在其回风中采集气样进行分析,以掌握煤炭自热发展动态,实现对自热发展的控制,达到防治自然发火的目的。

(4)结合现场的实际,进行预防自然发火的措施实施。如采取针对预测高温点区域的定向注氮,实现区域惰化;压注防火材料,封堵漏风通道;实施均压消除和抑制漏风等措施。

1.4 研究方法及技术路线

本书采取理论分析、实验室实验和现场应用相结合的研究方式,查阅资料,归纳总结目前煤炭自然发火的机理和防治煤层自然发火的方法;运用数值分析理论、网络解算理论及数值分析、计算软件 Matlab 和 Maple 模拟伪斜柔性掩护支架开采采空区高温点位置、温度场分布、漏风范围和"三带"分布。同时,把研究得到的理论技术应用到了现场。拟采取的技术路线如图 1-1 所示(见下页)。

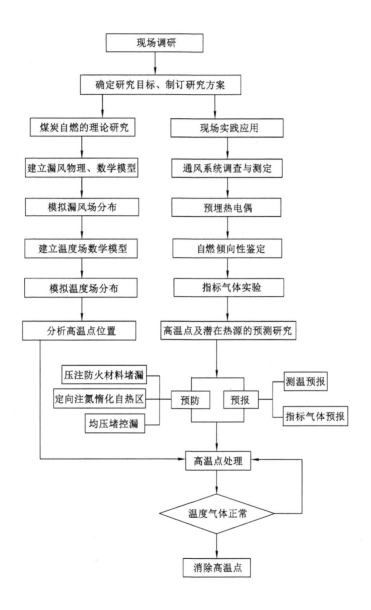

图 1-1 拟采取的技术路线图

第2章 柔性掩护支架开采自然发火研究

煤体自燃是一个受多因素影响的复杂耗散过程,由煤的内在自燃性和各种影响因素共同决定。本章在分析柔性掩护支架采煤法特点的基础上,结合煤自燃的理论和现场实际情况,分析影响采空区遗煤自然发火的因素,总结柔性掩护支架开采火源位置分布规律及自然发火特点,建立柔性掩护支架采煤工作面自燃火灾综合防治体系,为防治柔性掩护支架开采自燃火灾提供依据。

2.1 柔性掩护支架采煤法

1965 年,淮南大通煤矿提出了工作面伪斜布置沿走向推进的"伪斜柔性掩护支架采煤法",在经过反复实验和改进后,获得成功。柔性掩护支架采煤法回采巷道的布置方式使这种采煤方法具有倾斜和缓倾斜走向长壁采煤法巷道布置生产系统简单、掘进率低、回采工作连续性强、通风条件好等一系列优点。柔性掩护支架把工作空间与采空区隔开,不仅大大简化了繁重复杂且危险的顶板管理工作,也给工作面的采煤工作创造了良好的安全条件;支架拆装在工作面外进行,与工作面内的回采工作互不干扰,掩护支架在其自重和其上冒落岩石重量的作用下跟随工作面移动,工作面内工序简单,采落的煤炭自溜运输,为"三班"出煤创造了良好的条件;工作面伪斜布置,不仅充分利用煤炭可自溜运输的优势,而且克服了真倾斜布置的工作面内煤矸快速滚滑造成危害、行人困难和操作不便的缺点。因此,这种采煤方法的技术经济指标明显高于急倾斜煤层采煤方法,成为开采急倾斜煤层的主要方法之一。柔性掩护支架采煤工作面巷道布置如图 2-1 所示。

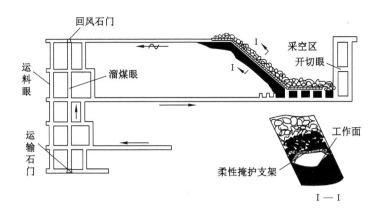

图 2-1　柔性掩护支架采煤工作面巷道布置示意图

2.2　采空区遗煤自然发火影响因素

　　煤自燃的发生和发展是一个极其复杂的、动态变化的、自动加速的物理化学过程,其实质是一个缓慢地自动氧化、放热、升温最后引起燃烧的过程。煤体自燃主要是由煤氧复合作用并放出热量而引起的,煤的氧化放热是热量自发产生的根源,是引起煤炭自然发火的根本原因之一。煤氧复合反应放出热量,当放热速度大于围岩散热速度时,引起热量聚集,使煤温升高,温度升高使煤氧复合速度提高,最终导致煤体自燃。当煤与空气接触后,首先是发生煤体对氧的物理吸附,产生物理吸附热,随后,煤氧又发生化学吸附和化学反应,并放出化学吸附热和化学反应热,所放出的热量积聚起来,当煤体所放出的热量大于煤体所处环境的散热量时,热量积蓄,煤体温度上升,导致煤体自燃。反之,热量被散发,煤体温度无法上升,导致煤体风化。煤体热量积聚的过程,也是自燃发展的过程,而自燃正是煤体放热与散热这对矛盾运动发展过程的结果之一。

　　在实际条件下,采空区遗煤自燃的影响因素很多,这些主要因素既互相独立,又互相关联。柔性掩护支架开采采空区遗煤自燃除与自身氧化性的内在因素有关外,还与所处外界条件有关,如煤层倾角、漏风强度、煤(岩)体导热性、采空区遗煤厚度等,都影响煤自燃发展的过程(图 2-2)。

2.2.1　遗煤透气性

　　采空区遗煤透气性对自燃的影响很大,其不仅影响采空区的漏风强度,也影

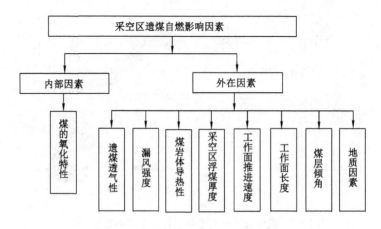

图 2-2 采空区遗煤自燃影响因素

响采空区遗煤的蓄热条件。且透气性与孔隙率密切相关,孔隙率越大,透气性越好。

（1）透气性与孔隙率

对于一个特定的柔性掩护支架开采工作面,其通风方式、供风量、风压分布等都基本确定,那么,影响漏风强度的主要因素就是采空区遗煤和冒落岩石之间的孔隙率。孔隙率大,透气性好,则采空区漏风越大;孔隙率小,透气性差,则采空区漏风越小。

（2）透气性与遗煤蓄热

遗煤在氧化放热的同时,也通过传导向周围散热,其传导散热量的大小与导热系数密切相关,即:

$$q_{传} = \mathrm{div}(\lambda_c \mathrm{grad}\, T) \tag{2-1}$$

式中,λ_c 为采空区遗煤导热系数,可近似认为:

$$\lambda_c = \cfrac{1}{\cfrac{n}{\lambda_g} + \cfrac{1-n}{\lambda_m}} \quad 或 \quad \lambda_c = n\lambda_g + (1-n)\lambda_m \tag{2-2}$$

式中,T 为煤体表面温度;λ_m、λ_g 分别为煤体导热系数和空气的导热系数。

由式(2-2)可知,λ_c 受 n 影响很大,孔隙率越大,透气性越好,传导散热量越小,煤体蓄热性越好,煤越易自燃。

（3）透气性与顶板岩性及矿压

采空区漏风强度和煤体蓄热条件都与孔隙率密切相关,但严格说,采空区孔隙率应从两方面考虑:一是采空区遗煤的孔隙率;二是冒落岩石的孔隙率。采空区遗煤孔隙率主要影响煤体内部氧的渗透和分布、高温点的深度。冒落岩石的孔隙率主要影响煤体表面散热的快慢和漏风强度,随着工作面向前推进和时间的推移,采空区的孔隙率随时发生变化。一般而言,顶板岩层越坚硬,孔隙率越大,透气性越好;矿压越大,孔隙率越小,透气性越差;采空区距工作面越远,矿压越大,作用时间长,孔隙率就越小,透气性越差。

2.2.2　漏风强度

采空区遗煤自燃需要有连续供氧条件,漏风强度的分布直接影响采空区氧浓度的分布,也影响煤体的散热,因此,漏风强度对煤体自燃影响很大。

(1) 漏风强度与氧浓度分布

采空区遗煤中氧浓度主要受煤体耗氧速度、氧气扩散速度和漏风强度影响。当新鲜风流渗透到采空区的遗煤中时,沿漏风路线随风流的流动,煤体对氧的消耗、瓦斯等吸附气体的释放,使得风流中的氧含量逐渐降低。在特定区域,当温度恒定时,煤对氧的消耗速度、瓦斯释放量基本上为定值,因此,采空区遗煤的漏风分布就决定了氧浓度的分布。

(2) 漏风强度与散热量

根据传热学理论,由风流中焓变带走的热量为:

$$q_{散} = \mathrm{div}(\bar{Q}\rho_g c_g T) \tag{2-3}$$

当风流为一维流动时:

$$q_{散} = \rho_g c_g \frac{\mathrm{d}}{\mathrm{d}x}[\bar{Q}(x) \cdot T] = \rho_g c_g \left[\bar{Q}(x) \cdot \frac{\mathrm{d}T}{\mathrm{d}x} + T\frac{\mathrm{d}\bar{Q}(x)}{\mathrm{d}x}\right] \tag{2-4}$$

式中,$q_{散}$ 为散热强度,kJ/(m³ · s);$\bar{Q}$ 为漏风强度,$\bar{Q}(x) = u \cdot n$,m³/(s · m²);ρ_g 为空气密度,kg/m³;c_g 为空气比热容,kJ/(kg · ℃)。

从式(2-4)可知,当煤体温度梯度一定时,散热量与漏风强度基本上成正比。漏风强度越大,散热量越大。

2.2.3　煤的蓄热环境

煤(岩)体原始温度与煤自燃密切相关。煤体耗氧速率和放热强度都随温度升高而加快。煤体与岩体之间传导散热量的大小与煤体和岩体之间的温度差成正比。因此,煤(岩)体原始温度越高,煤(岩)体之间的温差越小,煤体蓄热条件越好,煤氧最初的结合能力越强,放热性也越强。随着煤(岩)体温度升高,由温差产生的热力风压梯度增大,局部漏风强度增高,氧分布发生相应变化,并且煤体自身的氧化性和放热性增强,周围的散热条件也随着发生变化。

2.2.4 采空区遗煤厚度

采空区遗煤量是煤体自燃的一个物质基础。采空区遗煤在氧的作用下放出热量,同时又通过顶板岩层传导散发热量和通过风流对流带走热量。因此,采空区遗煤厚度不同,煤氧化产生的热量和向周围环境散发的热量也就不同,只有当产生的热量大于散热量时,煤体才能引起升温,最后导致自燃。能够引起自燃的最小采空区遗煤厚度称为最小遗煤厚度。

若忽略风流带走的热量,仅从传导散热方面考虑,则采空区某一点煤体升温速度为零的必要条件是:

$$\mathrm{div}(\lambda_c\,\mathrm{grad}\ T) + q_{放}^0(T) - \mathrm{div}(C_g\rho_g\overline{Q}T) \leqslant 0 \tag{2-5}$$

把采空区看成无限大平板,则热传导是一维函数,则上式可化为:

$$\lambda_c\frac{\mathrm{d}^2T}{\mathrm{d}x^2} + q_{放}^0(T) - C_g\rho_g\overline{Q}\frac{\mathrm{d}T}{\mathrm{d}x} \leqslant 0 \tag{2-6}$$

假设煤体内温度 T_m 均匀变化,煤体表面与岩层接触面温度为岩层温度 T_y,则式(2-6)可化为:

$$q_{放}^0(T_m) - \frac{8\times(T_m-T_y)\lambda_c}{x^2} - \frac{2\rho_g C_g\overline{Q}(T_m-T_y)}{x} \leqslant 0 \tag{2-7}$$

若忽略风流带走的热量,则可得:

$$h(T_m) \leqslant 2\times\sqrt{\frac{2\times(T_m-T_y)\lambda_c}{q_{放}^0(T_m)}} = h_{\min} \tag{2-8}$$

从式(2-8)可以看出,当遗煤厚度 $h(T_m)\leqslant h_{\min}$ 时,煤体氧化产生的热量就不能聚积。$h_{\min}$ 与煤体温度 T_m 和岩层温度 T_m 有关,还与煤体放热强度 $q_{放}^0(T_m)$ 有关。

2.2.5 工作面推进速度

工作面正常生产时,采空区"三带"范围是动态变化的,遗煤自燃不但与氧化时间有关,还与工作面推进速度有关,是时间和空间的函数。

工作面推进速度的快慢,架子收作的快慢,影响工作面墟煤和采空区遗煤与空气接触的时间长短。工作面推进速度快,工作面墟煤和采空区遗煤与空气接触时间短,不易引起煤体自燃;反之,则容易引起自燃。工作面推进速度对孔隙率也有影响,推进越快,距工作面同一距离的采空区矿压作用时间就短,则空隙率相对较大,孔隙率越大,则漏风大,散热就越大,散热带向采空区深部移动,越不易自燃。

2.2.6　工作面长度

工作面越长,工作面推进速度越慢,就为掩护支架上方遗煤的氧化、聚热、升温、自燃的发生和发展提供了充裕的时间;同时,在采空区内遗煤自燃氧化所形成的热风压也越来越大,因此,工作面越长,就越加速支架上方采空区遗煤的自燃。

2.2.7　煤层倾角

根据我国多年来的实际观测及研究急斜煤层被开采以后,其围岩移动和破坏的影响范围与缓斜煤层相比,将向采空区上部边界偏移,而且随着倾角的加大,这种影响也更为明显。当倾角大于 70°时,冒落区可能波及采空区上部边界以上未来的煤层,如图 2-3 所示。这样就导致采空区遗煤增多,给采空区遗煤自燃提供物质基础。

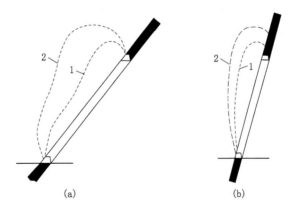

图 2-3　急倾斜煤层围岩移动和破坏示意图

1——冒落带范围;2——裂隙带范围

2.2.8　地质因素

由于急倾斜的煤层井田大都处于大构造区域,且伴生小构造较多,其反 S 形的构造形态表明,煤层受到应力的强力挤压致使煤质松散、易破碎、孔隙多、透气性强。煤层本身具有自燃倾向性,且发火期较短。

2.3 柔性掩护支架开采火源点位置分布规律

2.3.1 采空区

采空区自然发火主要原因是受采煤方法的限制,工作面推进速度慢,架子收作慢,爆破后堵架子以及上阶段老空区存在漏风等,引起采空区墟煤及遗煤自燃。自然发火主要发生在工作面架尾、溜煤斜巷与工作面交叉处,如图 2-4 所示,主要原因是这两个地方存在遗煤,漏风严重,供氧充分。例如,对李嘴孜矿孔集井柔性掩护支架开采现场调查和观测,结果见表 2-1。从表 2-1 中可以看出,采空区自然发火比例达到 51%,占一半以上。

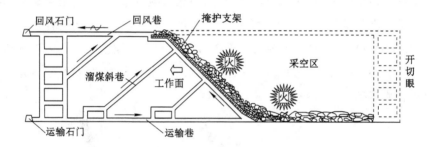

图 2-4 采空区自然发火位置示意图

表 2-1 按发火地点划分自燃火灾统计结果

发火地点	发火次数	占比例/%
采空区	16	51
高冒区	9	29
封闭墙内采空区	3	10
盲巷区	3	10

2.3.2 巷道顶部高冒区

煤(岩)体的结构和特征对巷道围岩的移动、变形和破坏起着决定性的作用。对于急倾斜煤层,巷道开挖后其顶部的煤体受爆破震动的影响,围岩应力在重新分布的过程中容易沿层理和裂隙方向产生抽冒,因而形成高冒区。高冒区内逐渐冒落的松散煤堆积在巷道顶部,在高冒空洞内形成漏风区,松散煤产生氧化升温,当漏风量、漏风风速和温度达到聚热条件时,就形成自然发火点,如图 2-5 所示。这种原因引起的自然发火在矿区中极为常见。从表 2-1 中可以看出高冒区自然发火比例达到 29%,占比例较大。

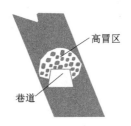

图 2-5　巷道顶部高冒区示意图

2.3.3　靠近煤层顶板侧的巷道

一般情况下,对于急倾斜层状岩体内的平巷,巷道支架承受的压力主要来自煤层仰斜的上方,由于围岩性质差别较大,煤体容易被压酥而形成自燃条件。对于煤层底板侧的巷道,由于煤层的弹塑性比岩层大,能够对来自煤层顶板方向的压力起缓和分解作用,巷道周围煤体破碎程度相对减小,裂隙或裂缝不易贯通,所以很难形成发火条件,如图 2-6 所示。在急斜煤层中,巷道顶帮和底帮破坏状况的不同除由上述原因引起外,还由于顶帮比底帮在更大程度上易受到三角岩柱下滑力 T 的作用,如图 2-7 所示。因此,总是巷道顶帮一侧比底帮一侧的移动量更大和更容易产生破坏。由此可以看出,顶板侧巷道比底板侧巷道更容易

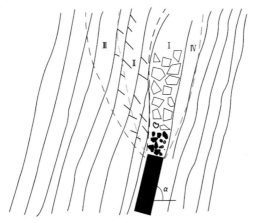

图 2-6　急倾斜煤层围岩变形特征

Ⅰ——冒落带;Ⅱ——裂隙带;Ⅲ——整体移动带;Ⅳ——底板移动带

破坏,煤岩层内容易形成裂隙,形成漏风通道。所以,顶板侧巷道比底板侧巷道更容易发火。

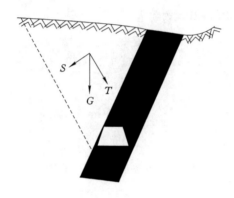

图 2-7　急倾斜煤层顶帮受力分析

2.4　柔性掩护支架开采自然发火特点

柔性掩护支架开采在回采过程中,工作面与采空区之间通过柔性支架隔离,且支架上部的充填物(煤或冒落岩石)在工作面的推进过程中始终处于运动状态,逐渐向工作面架尾移动。结合柔性掩护支架采煤法的特点和遗煤自然发火的特点,归纳出柔性掩护支架开采自然发火有如下特点:

(1) 发火位置不易确定

由于工作面架尾和溜煤斜巷与工作面交叉处都有自燃的可能性,自燃后产生的气体由于漏风的原因都流向架头,且若是溜煤斜巷与工作面交叉处支架后部遗煤自燃,则火源点动态移动(随工作面推进向架尾移动),所以,分不清是架尾还是溜煤斜巷与工作面交叉处。因此,当检测出有自燃现象时,很难确定火源点的位置。

(2) 采空区自燃高温区域范围大且隐蔽

柔性掩护支架开采采空区沉积有大量遗煤,煤氧作用热量逐渐积聚,一旦自燃,采空区蓄存了大量热能,造成周围煤(岩)体的温度增高,因此,柔性掩护支架开采采空区高温范围大。煤体自燃产生的烟流顺着风流流动,高温火点逆着风流流动,而采空区为开放式漏风,其漏风分布及规律复杂,高温点发展迅速,且只有在采空区遗煤距离工作面一定深度的范围内,氧浓度比较高,热量发散又比较慢,煤温才会升高而发生自燃。所以,很难准确判断出采空区高温区域,高温区域具有一定的隐蔽性。

(3) 采空区自燃火灾灭火难度大,灾情难以消除

煤体自燃是煤氧复合放出热量的结果,煤氧复合只要有氧存在就能进行,氧浓度大小仅影响煤氧复合速度的大小。煤体温度越高,则煤的氧化活性越高,煤氧复合反应速度越快,放热强度越大。由于煤的导热性差,煤体通过传导散热速度很慢,因此,通常较低的氧浓度与煤反应放出的热量就可维持高温煤体温度不下降。由于柔性掩护支架采煤法的特殊性,随着工作面向前推进,采空区煤岩向前运动,就会引起发火处煤岩松动,供氧更为充分。一旦出现自然发火的隐患,很难准确地对采空区火区进行治理,况且由于火源的位置难以准确确定,因而火区治理盲目性增大,治理区域大。加之工作面作业空间的影响,使防灭火技术难以快速有效地治理采空区遗煤自燃火灾。因此,要扑灭火灾极为困难。如果封闭工作面,很难对柔性掩护支架开采采空区中部进行处理,因此,常发生启封后高温区域复燃。

(4) 回采期间存在采空区二道自燃火灾威胁

由于急倾斜煤层开采的特点,同一小阶段,一翼采后收作封闭,另一翼正在回采,如果收作眼部分未全部垮冒压实,随着系统参数变化,上、下两端的压差增大,使墙内漏风供氧加大,从而使墙内采空区大量遗煤进入自热区产生自燃。或者同一翼上一小阶段已采毕封闭,其下一小阶段采至其上一小阶段收作眼附近位置时,受应力变化的影响,造成上阶段封闭墙处巷道及墙体垮冒和挤压,如墙内未形成有效的泥浆带,就会形成漏风通道,产生自燃。另外,急于本班高产,也是墙内或后方采空区煤层自燃原因之一。

2.5　柔性掩护支架开采自燃火灾综合防治体系

煤炭自燃火灾综合防治是一项复杂的系统工程。根据柔性掩护支架开采煤层自燃火灾的特点及其规律,可建立"预防、预报为主,以注浆、注氮灭火技术为措施,其他防灭火技术为辅"的综合防治体系。该防治体系主要由四部分组成:早期预测、自燃的预防、自燃的预报以及火灾应急处理(图 2-8)。

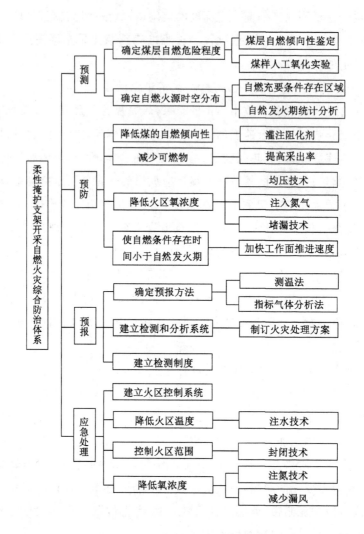

图 2-8 柔性掩护支架开采自燃火灾综合防治体系

　　首先是在分析了解柔性掩护支架开采煤层自燃基本特点的基础上,采用科学的方法、已有的知识和成熟的经验,通过实验室实验和现场调研分析,在煤层开采之前预测其自燃危险程度以及可能产生火源的时间和空间位置,为有针对性预防提供科学依据;其次,在预测的基础上,根据预测结果,针对有自然发火危险性区域采取开采技术、通风安全等方面措施和专项防火措施,破坏引起煤炭自然发火条件中的一个或多个条件,达到防止自燃火灾发生的目的。当预防体系失效后,煤炭自燃处于萌芽状态,即产生了高温点。此时可利用先进的仪器设备、监测监控系统,检测自燃火源产生的物理和化学现象,及时发出报警,以便让人们及时采取措施,将处于萌芽状态的高温点和自燃火源给予处理和消除,防止火灾形成或扩大,避免造成重大的人员伤亡和经济损失。在预防和预报都失效后,及时而迅速地采取有效的灭火措施,达到抑制火灾规模扩大、减少火灾损失的目的。

2.6　本章小结

本章简要介绍了柔性掩护支架采煤法。在分析前人研究成果的基础上,结合急倾斜煤层柔性掩护支架采煤法的特点,简要分析了影响采空区遗煤自燃的外在因素;分析了柔性掩护支架开采自燃火源点的位置分布规律,并归纳总结了柔性掩护支架开采自然发火的特点;建立了“以预防、预报为主,以注浆、注氮灭火技术为措施,其他防灭火技术为辅”的综合防治体系。

第3章 煤层自燃特性参数实验测试

煤的氧化性质是引起煤自燃着火的重要因素之一,煤的自燃倾向性是煤在常温下被氧化的内在属性。煤暴露于大气中会先与空气中的氧发生物理吸附,伴随少量的吸附热生成,后续进一步的化学吸附生成一系列的有机官能团、氧化物及配合物,即指标气体。本书应用 ZRJ-1 型煤自燃性测定仪进行煤层自燃倾向性鉴定实验,利用煤自燃特性测试系统进行指标气体实验。

3.1 煤样的采集

3.1.1 采样的原则

对煤层煤样来说,其采样的基本原则只有一条,即要求从煤层中采出的煤样必须能充分代表该煤层的主要性质,其中最重要的是所采出的煤样必须代表该煤层的灰分、硫分、发热量、挥发分、水分和黏结性等主要煤质指标的平均值,从而为评价该煤层的自燃倾向性及其合理利用途径提供重要的技术依据。

3.1.2 采样点分布

根据煤样采样原则及研究需要,在工作面掘进期间,在 A_1 煤层工作面的进、回风巷采取了 13 个煤样(−140 m 水平进风巷 6 个煤样,切眼 1 个煤样,−105 m 回风巷 6 个煤样)。

采样点设置要考虑其代表性,分析结果能真实反映煤层的自燃特性。A_1 煤层的采样点分布如图 3-1 所示,煤样编号及其在断面中的位置见表 3-1。

3.1.3 采样方法及步骤

煤样采集按照《煤自燃倾向性色谱吸氧鉴定法》(MT/T 707—1997)附录中规定的方法进行,以保证采取的煤样具有采样点煤层的性质。

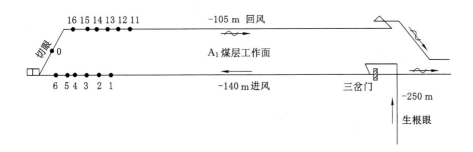

图 3-1　采样点布置示意图

表 3-1　　　　　　　　　　　**采样点位置及煤样编号**

采样煤层	煤样编号	距三岔门距离/m	采样位置	备注
A₁ 煤	0#	1 500	中部	切眼
−140 m 煤	1#	1 030	顶煤	
	2#	1 130	顶煤	
	3#	1 230	顶煤	
	4#	1 330	迎头	
	5#	1 368	迎头	
	6#	1 460	迎头	
−105 m 煤	11#	860	底煤	
	12#	960	底煤	
	13#	1 060	底煤	
	14#	1 160	迎头	
	15#	1 200	迎头	
	16#	1 340	迎头	

　　采样时,先把煤层表面受氧化的部分剥去,再将采样点前面的底板清理干净,铺上帆布或塑料布,然后沿煤壁垂直方向画两条线,两线之间宽度为 100～150 mm,采下 8 kg 的煤作为初采煤样。

　　把采下的初采煤样混合均匀,按锥堆四分法缩分到 2 kg 左右,作为原煤样装入较厚的塑料袋中,封严后送实验室。

　　离开采样现场前要护好帮顶,并通知采掘现场负责人。

　　采样时要注意:

（1）采样时先刨去松动的煤壁和表面氧化层，尽量保持煤样新鲜。

（2）所采煤样要随身携带并防止其他杂物污染，到达地面后要及时把煤样装进特制的煤样采集袋里，并封严袋口，保证不漏气，在袋上贴上标签（注明采样时间和采样地点）。

3.2 煤的自燃倾向性鉴定

煤层自燃倾向性是评价自然发火危险性的主要依据之一。大量实验证明，以煤对氧气的复合吸附作用为理论依据，用色谱法测定的吸氧量来划分煤的自燃倾向性等级是一种符合煤自燃实际条件的划分方法，实验结果一定程度上客观地反映了不同煤吸氧量的差异，具有一定的实用性。目前我国煤矿采用《煤自燃倾向性色谱吸氧鉴定法》（MT/T 707—1997）进行煤自燃倾向性鉴定。

早期国内外对煤自燃倾向性的鉴定方法多种多样，如以煤的氧化性为基础、以煤的热效应为基础、克氏法、着火点温度降低值法、过氧化氢法及静态容量吸氧法等。我国《煤自燃倾向性色谱吸氧鉴定法》（MT/T 707—1997）于 1997 年 12 月 30 日正式发布，于 1998 年 7 月 1 日正式实施，以测定每克干煤在常温（30 ℃）、常压（$1.013\ 3\times10^5$ Pa）下的吸氧量为原理，以此值作为自燃倾向性分类的主指标，更具操作性。煤的自燃倾向性等级分类见表 3-2。

表 3-2   煤的自燃倾向性等级分类

自燃倾向性等级	自燃倾向性	干煤的吸氧量/（cm³/g)	
		褐煤、烟煤类	高硫煤、无烟煤类
Ⅰ	容易自燃	≥0.71	≥1.00
Ⅱ	自燃	0.41～0.70	≤1.00
Ⅲ	不易自燃	≤0.40	≤0.80

3.2.1 实验装置

实验采用北京东西电子技术研究所和北京三雄科技有限公司生产的 ZRJ-1 型煤自燃性测定仪进行。

3.2.2 实验条件

煤样选用具有代表性的 0# 和 13# 煤样。煤样按照《煤层自燃倾向性色谱吸氧鉴定法》(MT/T 707—1997)附录中规定的方法进行制备;实验步骤也按照该标准中规定的步骤进行。

3.2.3　工业分析结果

煤的工业成分和元素组成是影响煤自燃倾向性的主要因素之一。为了评价煤的自然发火危险性,按照《煤的工业分析方法》(GB/T 212—2001)(现已被 GB/T 212—2008 所代替)和《煤的元素分析方法》(GB/T 476—2001)(现已被 GB/T 19227—2008 与 GB/T 476—2008 所代替)对采集的 A_1 煤样进行了工业分析和元素分析,结果见表 3-3。

表 3-3　　　　　　　　实验煤样工业和元素分析结果表

编号	工业分析 $W/\%$			元素分析 $W_{daf}/\%$				
	M_{ad}	A_d	V_{daf}	C	H	N	O	S
0	2.79	5.05	42.80	85.27	4.76	1.83	7.35	0.79
13	2.90	7.98	41.08					

3.2.4　自燃倾向性鉴定实验研究结果

煤样的自燃倾向性鉴定实验结果见表 3-4。

表 3-4　　　　　　　　煤样的自燃倾向性鉴定结果表

编号	工业和元素分析/%				真相对密度	吸氧量	自燃等级	
	M_{ad}	A_d	V_{daf}	S	$\rho_t/(kg/m^3)$	$V_d/(cm^3/g)$		
0	2.79	5.05	42.80	0.79	1.38	0.580	Ⅱ级	自燃
13	2.90	7.98	41.08		1.38	0.459	Ⅱ级	自燃

从上表可以看出,实验煤样的自燃倾向性等级均为Ⅱ级,属自燃煤层。

3.3　指标气体的优选

煤炭自燃的发生和发展是一个极其复杂的动态物理化学变化过程,是煤氧复合作用的结果。在煤氧复合过程中,煤在低温下与氧的作用最初以物理吸附为主,物理吸附达到平衡后则以化学吸附为主,并进一步发生化学反应。随着温度的升高,化学吸附和化学反应速度加快,煤的吸氧量增加,煤温持续上升引起自燃。

由上述煤炭自燃的过程可知,煤的吸氧量、反应产生的气体和煤温之间存在密切的关系,通过实验发现煤炭自燃的特性,就能优选出预测煤炭自燃的指标气体。

用作指标气体的主要有一氧化碳(CO)、乙炔(C_2H_2)、乙烯(C_2H_4)、乙烷(C_2H_6)和链烷比等。煤炭在氧化自热阶段会分解出反映自燃征兆的气体产物,如 CO、CO_2、C_mH_n 等。这些气体的发生量与温度呈现出规律性变化。根据前人的大量实验分析,煤的氧化分为三个阶段:缓慢氧化阶段($<70\ ℃$)、加速氧化阶段($70\sim150\ ℃$)、激烈氧化阶段($>150\ ℃$),在加速氧化阶段指标气体的浓度加剧上升。因此,可以用仪器分析和检测煤在自燃过程中释放出的这些气体变化的规律作为早期预报矿井火灾的方法。

3.3.1 实验装置

实验装置如图 3-2 所示,它包括供气系统、程序升温系统和气样分析系统三部分。主要部件包括程序控温炉、煤样罐、温度测量、显示和控制系统、流量传感器及气路系统稳压和稳流等部分。

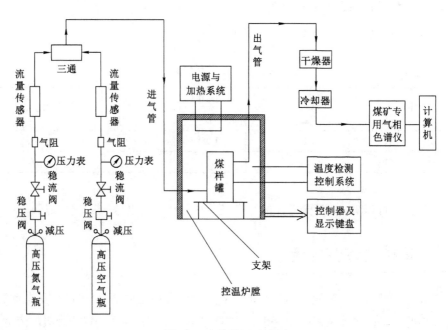

图 3-2 实验装置示意图

（1）供气系统:包括高压空气瓶、高压氮气瓶（用于调节氧浓度）、减压阀、稳压阀、稳流阀、流量控制阀及显示仪表,并用钢管依次连接。

（2）程序升温系统:包括恒温箱及程序升温控制设备,箱内安装螺旋形预热管和试样罐,温度控制精度为 0.1 ℃。

（3）气样分析系统:包括进样管和矿井自动气相色谱仪分析系统。

煤样罐直径为 5 cm,长为 10 cm。罐体由导热系数较好的薄铜制成,可保证煤样温度与炉膛温度基本一致且均匀,应用精密铂电阻传感器检测煤温。

3.3.2　实验条件

（1）煤样:70～90 g。

（2）炉膛温升速率:3 ℃/min。

（3）达到预设温度稳定时间:2 min。

（4）粒度:一般为 20～30 目;部分样品最大粒度小于 1 cm。

3.3.3　实验步骤

（1）将制备好的煤样装入试样罐内,接好气路后置入仪器的炉膛内。

（2）设定炉膛的目标温度,按程序升温。

（3）当温度达到预设温度后,停止加热,然后进行恒温运行。

（4）恒温运行 2 min,再把煤样罐出气口接到矿井自动气相色谱仪（GC-4085 型）进行色谱分析。

（5）实验结果分析,出现数据异常时需重新实验。

3.3.4　指标气体的实验结果

3.3.4.1　指标气体随温度变化规律

（1）CO 浓度随温度变化规律

煤温 t 在 200 ℃范围内,A_1 煤层 $0^\#$、$1^\#$、$3^\#$、$6^\#$、$11^\#$、$14^\#$ 和 $16^\#$ 煤样一氧化碳浓度随温度变化的规律如图 3-3 所示。由图可知:虽然各煤样出现一氧化碳的最低温度有所不同,相同温度下产生指标气体的浓度不同,但一氧化碳产生量与温度之间呈指数规律变化的趋势基本相同,即其产生的速率随煤温的升高而增大。

（2）乙烷（C_2H_6）浓度随温度变化规律

煤温 t 在 200 ℃范围内,A_1 煤层 $0^\#$、$1^\#$、$3^\#$、$6^\#$、$11^\#$、$14^\#$ 和 $16^\#$ 煤样乙

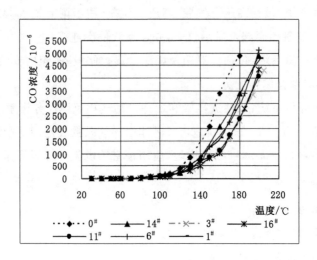

图 3-3　煤温＜200 ℃各实验煤样 CO 浓度随温度变化规律

烷浓度随温度变化的规律如图 3-4 所示。由图可知:虽然各煤样出现乙烷的最低温度有所不同,相同温度下产生指标气体的浓度不同,但乙烷产生量与温度之间呈指数规律变化的趋势基本相同,即其产生的速率随煤温的升高而增大。

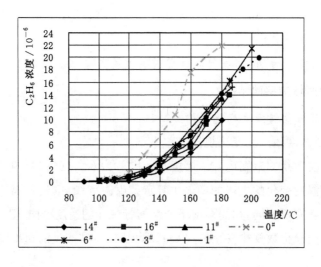

图 3-4　煤温＜200 ℃各实验煤样 C_2H_6 浓度随温度变化规律

（3）乙烯（C_2H_4）浓度随温度变化规律

煤温 t 在 200 ℃范围内，A_1 煤层 $0^\#$、$1^\#$、$3^\#$、$6^\#$、$11^\#$、$14^\#$ 和 $16^\#$ 煤样乙烯浓度随温度变化的规律如图 3-5 所示。由图可知：虽然各煤样出现乙烯的最低温度有所不同，相同温度下产生指标气体的浓度不同，但乙烯产生量与温度之间呈指数规律变化的趋势基本相同，即其产生的速率随煤温的升高而增大。

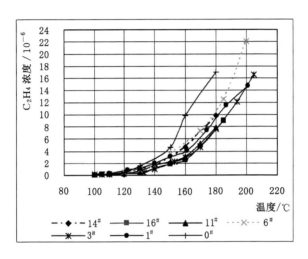

图 3-5　煤温＜200 ℃各实验煤样 C_2H_4 浓度随温度变化规律

（4）丙烷（C_3H_8）浓度随温度变化规律

煤温 t 在 200 ℃范围内，A_1 煤层 $0^\#$、$1^\#$、$3^\#$、$6^\#$、$11^\#$、$14^\#$ 和 $16^\#$ 煤样丙烷浓度随温度变化的规律如图 3-6 所示。由图可知：虽然各煤样出现丙烷的最低温度有所不同，相同温度下产生指标气体的浓度不同，但丙烷产生量与温度之间呈指数规律变化的趋势基本相同，即其产生的速率随煤温的升高而增大。

3.3.4.2　指标气体实验结论

根据实验结果可得出如下结论：

（1）A_1 煤常温下具有氧化性

在现场采取煤样后封装在密封的塑料袋中，经过 20 天后从塑料袋中取出气样在色谱仪上分析均有 CO 气体，且浓度较大，最大可达到 $1\,800\times10^{-6}$。各煤样袋中在常温下生成 CO 浓度见表 3-5。

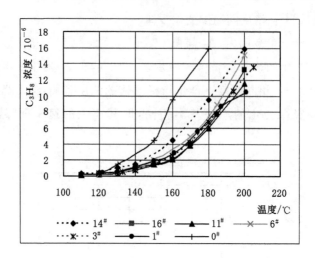

图 3-6　煤温＜200 ℃各实验煤样 C_3H_8 浓度随温度变化规律

表 3-5　　　　　　　　　各煤样常温氧化生成 CO 情况

煤层	煤样编号	O_2 浓度/%	CO 浓度/$\times 10^{-5}$	CH_4 浓度/$\times 10^{-5}$
	0#	20.38	6.8	3.2
	3#	20.66	2.2	1.7
	6#	20.94	2.0	2.5
A_1	11#	20.80	1.3	2.2
	13#	21.89	1 800	
	14#	20.81	115	118
	16#	20.58	1.6	2.1

　　（2）优选一氧化碳、乙烷、乙烯和丙烷作为自燃早期预报的指标气体

　　煤氧化产生的气体产物种类及其与煤温的对应关系随煤质不同而异，因此，利用气体分析法来预报煤炭自燃时，指标气体应满足如下条件：

　　① 可检测性：普通色谱分析仪能检测到指标气体的存在。

　　② 敏感性高：当煤炭氧化且煤温超过一定值时，指标气体一定出现，并随煤温的升高其产生量稳定增加。

　　③ 规律性好：指标气体的浓度与煤温之间应有良好的对应关系，并且对同一煤层重复性较好。

　　在不同实验条件下根据实验结果，各个煤样出现指标气体最低温度见表

3-6,从该表可以看出,随着煤温升高,一氧化碳(CO)、乙烷(C_2H_6)、乙烯(C_2H_4)和丙烷(C_3H_8)四种气体依次出现,因此,选择该四种气体作为 A_1 煤层自燃预报的指标气体较为合适。

表 3-6　　　　　　　　各个煤样出现指标气体的最低温度表

煤样号	CO /℃	C_2H_6 /℃	C_2H_4 /℃	C_3H_8 /℃	氧浓度 /%	流量 /(mL/min)	煤样质量/g	粒度 /目
0#	40	130	140	150	3.22	100	90	20～30
0#	40	130	150	140	8.29	100	97	20～30
0#	40	110	130	130	20.96	100	76	20～30
1#	45	120	120	130	20.96	100	93	20～30
1#	55	120	140	140	5.78	100	90	20～30
3#	35	100	110	130	20.96	100	106	粒径小于 1 cm
3#	50	120	135	135	4.24	100	87	20～30
3#	40	120	133	133	20.96	100	88	20～30
3#	50	130	160	150	13.68	100	85	20～30
5#	60	130	150	140	5.77	100	97	20～30
6#	40	120	130	140	20.96	100	88	20～30
11#	40	120	130	140	20.96	100	100	20～30
14#	40	110	130	130	20.96	100	92	20～30
14#	60				20.96	100	90	40～60
14#	50				20.96	100	94	60～80
14#	70				20.96	100	81	80～100
14#	70				20.96	78.33	75	60～80
14#	40				20.96	100	82	60～80
14#	55				20.96	120	67	60～80
16#	40	120	140	140	20.96	100	85	20～30

由表 3-6 可知:在氧浓度为 20.96% 的空气、粒度 20～30 目、空气流量 100 mL/min 的实验条件下,上述指标气体出现最低温度范围见表 3-7。

表 3-7　　　　　　　各煤样出现指标气体的最低温度范围表

气体名称	一氧化碳(CO)	乙烷(C_2H_6)	乙烯(C_2H_4)	丙烷(C_3H_8)
温度/℃	10～45	100～120	110～130	130～140

3.3.5 指标气体早期预报煤炭自热（自燃）应用

根据上述实验结论,得出煤炭自燃预报分为出现自热(自燃)现象和自燃过程两大阶段。

3.3.5.1 出现自热(自燃)现象判断

由上述分析结果可知,CO 生成的绝对量大、出现温度低,因而用它来作为早期预报煤的自热和自燃,具有灵敏性、可检测性的特点。在正常时期要定期采样分析回风流中的气体成分。由于煤样在常温下可氧化生成 CO 气体,则回风流气体的成分中可能含有 CO。因此,风流中出现 CO 并不意味着煤层已经发生自燃。

(1) 如果风流中 CO 浓度围绕一个平均值上下波动,则属正常。波动的平均值称为临界值。正常时期 CO 浓度变化如图 3-7 所示。

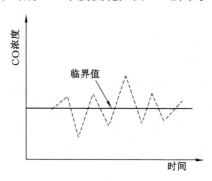

图 3-7　正常时期 CO 浓度变化

(2) 如果风流中 CO 浓度随时间逐渐增大,围绕一个有一定斜率(斜率为正)的曲线上下波动,则是出现了自燃初期征兆,如图 3-8 所示。

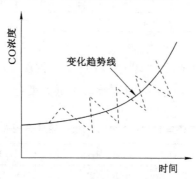

图 3-8　自燃初期 CO 浓度变化

3.3.5.2　自热(自燃)过程中煤温判断

在确定已发生自热(自燃)现象以后,则煤炭进入自燃发展过程中。在此期间可通过出现的指标气体种类确定自燃的发展程度和煤温的大致范围。具体判断标准如下:

(1) 当回风流中检测到 CO 气体且有稳定增加趋势时,标志煤温 $t>40$ ℃。

煤温 t 在 40 ℃<t<100 ℃范围内时,A_1 煤层 $0^\#$、$1^\#$、$3^\#$、$6^\#$、$11^\#$、$14^\#$ 和 $16^\#$ 煤样 CO 浓度随温度变化的规律如图 3-9 所示。由图可见:各个煤样一氧化碳产生速率的总趋势基本相同,当煤温 $t>70$ ℃时,其 CO 产生速率随煤温的升高而明显增大。

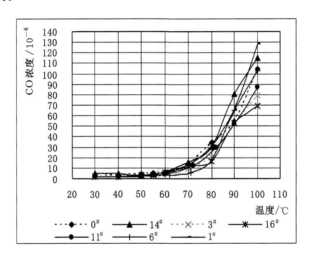

图 3-9　40 ℃<t<100 ℃各实验煤样 CO 浓度随温度变化规律

(2) 当风流中检测到 C_2H_6 气体且有稳定上升趋势时,煤温 $t>120$ ℃。

(3) 当风流中检测到 C_2H_4 气体且有稳定上升趋势时,煤温 $t>130$ ℃。

(4) 当风流中检测到 C_3H_8 气体且有稳定上升趋势时,煤温 $t>140$ ℃。

当风流中检测到一氧化碳(CO)后应当立即查找来源,采取有效措施进行处理。否则,煤温会逐渐升高,煤温达到 120 ℃左右出现乙烷(C_2H_6)气体,自热(自燃)继续发展则很快出现乙烯(C_2H_4)和丙烷(C_3H_8)气体。实验结果和实践经验表明,煤炭自热温度达 70 ℃以后,自燃发展迅速,很快可能出现明火。

3.3.6 影响指标气体的因素分析

为了考察影响指标气体的因素,本次实验用不同的煤样,就氧气浓度、粒度大小和空气流量三个方面做了实验。

(1) 氧浓度的影响

为了考察氧浓度对指标气体的影响,在煤样 96 g、流量 100 mL/min、粒度 20~30目、炉膛升温速率 3 ℃/min 及达到预设温度稳定时间 2 min 的实验条件下,分别用氧浓度为 3.22%、7.56% 和 20.96% 三种情况,对 0# 煤样进行实验。通过实验结果得到一氧化碳(CO)、乙烷(C_2H_6)、乙烯(C_2H_4)和丙烷(C_3H_8)浓度随煤样温度在不同氧浓度下的变化关系曲线,分别如图 3-10 中(a)、(b)、(c)和(d)所示。

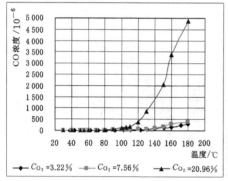

(a)

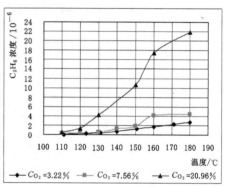

(b)

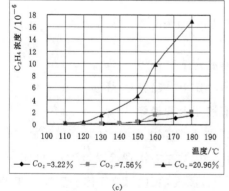

(c)

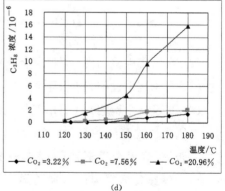

(d)

图 3-10　指标气体浓度随煤样温度在不同氧浓度下的变化关系曲线

从图 3-10 中可以看出,在上述实验条件下随着氧浓度的升高,产生指标气体的量也升高。

(2)粒度的影响

为了考察粒度对指标气体的影响,在煤样 95 g、流量 100 mL/min、氧浓度 20.96%、炉膛升温速率 3 ℃/min 及达到预设温度稳定时间 2 min 的实验条件下,分别用粒度为 20～30 目、40～60 目和 80～100 目三种情况,对 14# 煤样进行实验。通过实验结果得到一氧化碳(CO)浓度随煤样温度在不同粒度下的变化关系曲线,如图 3-11 所示;用粒度为 20～30 目和粒径小于 1 cm 两种情况,对 3# 煤样进行实验。通过实验结果得到一氧化碳(CO)、乙烷(C_2H_6)、乙烯(C_2H_4)和丙烷(C_3H_8)浓度随煤样温度在不同粒度下的变化关系曲线,分别如图 3-12 中(a)、(b)、(c)和(d)所示。

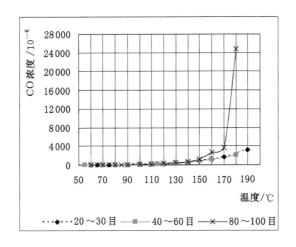

图 3-11　CO 浓度随煤样温度在不同粒度下的变化关系曲线

从对 14# 煤样和 3# 煤样的实验结果来看,在该实验条件下,煤样粒度对指标气体浓度影响规律都一样,煤样粒度对 CO 浓度影响比较大,尤其是在高温阶段。煤样的粒度越小,在同温度下产生的 CO 浓度越高。其主要原因有两个方面:首先,从热力学角度分析,煤样的粒度对热传导和气体扩散有较大影响,煤颗粒的粒径越小,反应自发进行的趋势就越大,也就是说,小的煤颗粒其自燃的趋势较大,热重曲线上反应的起始温度和终止温度降低;反应的区间变小,煤样的自燃、着火温度降低。其次,从动力学角度分析,煤颗粒粒径越小,速率常数越

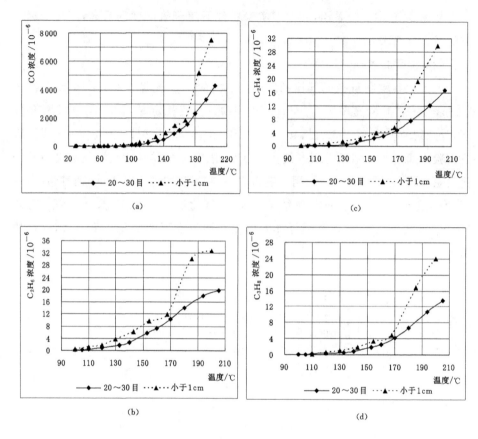

图 3-12　指标气体浓度随煤样温度在不同粒度下的变化关系曲线

大,煤的比表面积随着煤粉颗粒粒径的减小而增加,随煤粉颗粒比表面积的增加,活化能减小,煤粉越易着火燃烧。

（3）空气流量的影响

为了考察空气流量对指标气体的影响,在煤样 97 g、粒度 60～80 目、氧浓度 20.96%、炉膛升温速率 3 ℃/min 及达到预设温度稳定时间 2 min 的实验条件下,分别用流量为 80 mL/min 和 120 mL/min 两种情况,对 14# 煤样进行实验。通过实验结果得到一氧化碳（CO）浓度随煤样温度在不同流量下的变化关系曲线,如图 3-13 所示。从实验结果可以得到:在该实验条件下,空气的流量为 80 mL/min 比 120 mL/min 时产生的指标气体浓度大,主要是由于空气流量越大,带走的热量越大,而导致煤样的氧化速度降低。

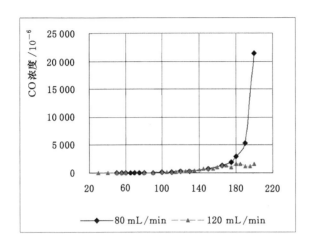

图 3-13　CO 浓度随煤样温度在不同流量下的变化关系曲线

3.4　本章小结

本部分的实验可以得出以下主要结论：

（1）根据煤自燃性测定仪测试的结果并结合工业分析的结果，得出－105～－140 m A_1 煤的自燃倾向性等级是 Ⅱ 级，属于自燃煤层。

（2）A_1 煤常温下具有氧化性，优选一氧化碳（CO）、乙烷（C_2H_6）、乙烯（C_2H_4）和丙烷（C_3H_8）作为自燃早期预报的指标气体。

（3）当回风流中检测到一氧化碳（CO）气体且有稳定增加趋势时，标志煤温 $t>40$ ℃；当风流中检测到乙烷（C_2H_6）气体且有稳定上升趋势时，煤温 $t>120$ ℃；当风流中检测到乙烯（C_2H_4）气体且有稳定上升趋势时，煤温 $t>130$ ℃；当风流中检测到丙烷（C_3H_8）气体且有稳定上升趋势时，煤温 $t>140$ ℃。

（4）在相同实验条件下，随着氧浓度的升高，产生指标气体的量也随之升高。粒度越小，产生的指标气体浓度越大；空气流量对指标气体的影响非常明显，合适的空气流量是引起煤炭自燃的关键。

第4章 柔性掩护支架开采
采空区空气动力研究

4.1 采空区冒落岩石的移动特征

正确认识急斜煤层开采时采空区冒落岩石的移动特征,是研究采空区孔隙率分布、确定漏风风阻特性和控制裂隙漏风的基础,为控制裂隙漏风,防止采空区遗煤自燃提供依据,对提高煤炭回收率和保证安全生产都有重要意义。

4.1.1 顶板变形及移动规律

急倾斜煤层中矿压显现的某些基本规律与开采缓倾斜和倾斜煤层是相同的。例如,煤层被采出,将引起开采空间周围岩层的移动、破坏和冒落,由此而引起围岩中的应力重新分布,并相应地造成巷道变形破坏支架受压及折损等。然而,在开采急倾斜煤层时,由于煤层倾角较大,岩石重力作用方向与岩石层理方向所成的夹角变小,故使重力沿层理方向的作用力大大增加。这就使围岩移动、顶板冒落的形态,以及巷道变形和支架受载的特征等,产生了与开采缓倾斜煤层时不同的一系列特点。

急倾斜煤层开采以后,随着岩层冒落和移动的发展,可在煤层顶底板中形成不同的地带。对于层状顶板来说,先是直接顶下部岩层沿层面法线方向弯曲,以后岩层移动一层层地逐渐扩展,直至部分岩块产生冒落。直接顶形成的冒落带(图 4-1 中的 Ⅰ)高度约为被开采煤层厚度的 3～5 倍。随着采空区面积增大,基本顶开始移动,产生离层并沉降在直接顶冒落岩石上。如果基本顶岩层强度较小,移动带边界处将形成与层面大致成 60°～65° 角的断裂裂隙。在这种情况下,基本顶岩层可形成拱形下沉区,在下沉拱范围内,个别岩层之间将失去联系,从而形成卸载拱(图 4-1 中的 Ⅱ)。在卸载拱以外,由于岩石的悬伸作用而出现压力增高区——支承压力区(图 4-1 中的Ⅲ)。

在回风水平上,岩层的下沉呈不对称的盆地形(图 4-1 中的Ⅳ),其最大下沉点的位置与该处岩石强度有关。在较坚硬岩层中,最大下沉点离煤层的距离一般为 15～20 m,而在松软岩层中一般为 35～40 m。

在运输水平垂直走向的断面内,支承压力带在煤层顶板中分布范围 C 的长度约为 35 m。煤层底板中的卸载带(图 4-1 中的Ⅴ)范围呈现为抛物线形曲线,其轴线由垂直层面方向朝下稍有偏离(10°～15°)。卸载带在运输水平的扩展范围 A 大约相当于 0.6～0.8 个工作面长度。当煤层倾角等于 60°时,卸载带扩展到运输水平以下,其垂直走向方向的长度 A 可达到 60 m。煤层底板中卸载带的范围与运输平巷的维护方法有关,如图 4-1 所示,当运输平巷上方留煤柱保护平巷时,支承压力区的边界线(即卸载带范围)几乎垂直地通过煤柱的边缘 E 处,而当平巷上方用木垛保护时,该线将沿倾斜向下移动到煤体边界 F 处。

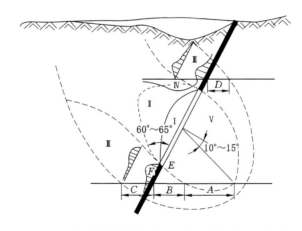

图 4-1　开采急倾斜煤层时围岩应力重新分布示意图

Ⅰ——直接顶冒落带;Ⅱ——顶板中的卸压拱;Ⅲ——支承压力区;

Ⅳ——回风水平处的盆地形下沉;Ⅴ——底板中的卸压区

由于倾角作用,工作面围岩的重力(自重)均会分解为法向力(垂直岩层层面)和切向力(平行岩层层面),随着岩层(煤层)倾角的增大,岩层变形(顶板下沉、底板隆起)、破断的法向力减小,而导致破断岩层(顶板破断岩块或底板破坏滑移体)沿层面方向产生位移的切向力则增大,因此,工作面围岩在开采过程中向已采空区的运动是法向与切向(倾向)位移交互的三维组合运动。由于倾角的作用,围岩组成中的顶板破断并形成垮落后岩层(冒落岩石)会沿底板向下滑滚,使回采空间在倾斜方向上形成非均匀充填,造成垮落岩石对上覆岩层约束的非均衡性,从而形成了急倾斜煤层柔性掩护支架工作面开采特有的顶板位移与垮落形态。

4.1.2 采空区冒落岩石的移动特征

掩护支架开始下放时,其上部已形成一层岩石或煤的垫层,故可使其免受大块冒落岩石的冲击载荷,也增加了支架向下移动的推力。随着支架下移,不仅原有的岩石垫层随着向下移动,而且支架上面的采空区也将不断被冒落的岩石充填入,如图 4-2 所示。

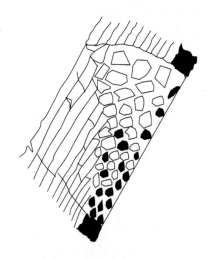

图 4-2 冒落岩石滑落对采空区下部的充填作用

随支架向下移动的碎岩石是形状和大小各不相同的岩块,由于岩块之间的摩擦作用,碎岩块的运动特征并不呈现为典型的松散体,而是属于具有一定联结性和活动性较差的松散体,并在支架的不同部位,其上方碎矸石移动的速度不同。在支架宽度方向,岩块与顶底板之间的摩擦,使靠近顶底板的岩块移动速度比在煤层中部小。而且随着倾角变小,底板一侧的移动速度比顶板一侧更小。

有关资料表明,在支架后方的碎岩石移动过程中,自然发生着缓慢的筛分作用,较小的岩块集中于碎岩石层的下部,底板附近较大的岩块集中于上部和顶板一侧。因此,在支架后方岩石的下移过程中,碎岩块之间有一定的相对移动。

此外,支架后方的碎岩石实际上是作为充填体而支撑着支架附近的采空区围岩,使围岩移动速度变缓。从碎岩石移动规律来看,移动是逐步向上发展的。在此过程中各岩块之间的连接减弱,其压实程度(密度)及支撑顶底板的作用也随之降低,而可缩性加大,结果导致顶板下沉量和顶板压力加大。其加大的程度与支架下放速度和持续的时间有关。

因为掩护支架后面堆积的碎岩石是活动性能较差的松散体,特别是当堆积层比较厚,碎岩石被压实而内摩擦力增加,或存在大块岩石,而且受到挤紧和楔紧时,或者堆积岩石中含有大量能黏结的泥质颗粒时,以及当煤层厚度急剧变薄时,都可能使支架后方堆积的碎岩石不跟随支架下放一起向下移动,而出现自动楔紧和悬挂现象,常发生下列三种情况:一是板状岩块彼此挤压;二是大块岩石形成自然平衡拱;三是小粒黏结性泥质岩发生黏结,如图 4-3 所示。

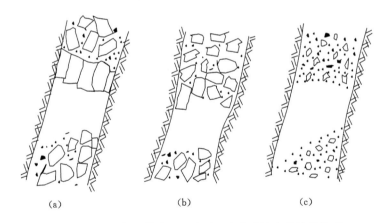

（a）　　　　　　　　（b）　　　　　　　　（c）

图 4-3　支架上方冒落岩石下移过程中出现堵塞的几种情况

（a）板状沿快彼此挤压;（b）大块岩石形成自然平衡拱;（c）小粒黏结性泥质岩发生黏结

4.2　采空区漏风流态及其判别准则

采空区空气动力阻力特性随煤层倾角、煤层厚度、通风方式、开采方法以及顶底板岩层的特性等开采技术因素的不同而不同,较为复杂。因本书研究急倾斜煤层柔性掩护支架开采环境的自燃特性,故就急倾斜煤层柔性掩护支架开采采空区的空气动力阻力特性进行研究。

采空区属多孔介质,其内一般存在紊流、层流和过渡流三种漏风流态。根据相关学者的研究,采空区的流态判别准则可用当量雷诺数 Re 判别:

$$Re = \frac{vk}{vl} \qquad (4-1)$$

式中,v 为滤流速度,m/s;k 为冒落带的渗透系数,m^2;v 为空气的动力黏性系数,m^2/s;l 为滤流带的假定粗糙度系数,m。

当 $Re < 0.25$ 时,属于层流流态;当 $Re > 2.5$ 时,属于紊流流态;当 $0.25 < Re < 2.5$ 时,属于过渡流流态。

一些资料表明,急倾斜煤层柔性掩护支架开采采空区的氧化带中空气流动基本属于过渡流流态。

4.3 采空区漏风阻力定律

基于采空区在氧化带范围内基本上属于过渡流的流态,本书应用网络解算方法模拟采空区滤流场采用的采空区空气动力阻力特性方程为:

$$h = R_1 Q + R_2 Q^2 \qquad (4-2)$$

式中,R_1、R_2 分别为层流风阻和紊流风阻,kg/m^7;Q 为漏风量,m^3/s。

4.4 采空区漏风风阻

采空区内层流风阻计算准确与否对于模拟结果至关重要。过去我国学者多采用如下公式计算缓倾斜或倾斜煤层层流、紊流风阻,即:

$$R_1 = \frac{ax^c l}{s} \qquad (4-3)$$

$$R_2 = \frac{bx^{0.5c} l}{s^2} \qquad (4-4)$$

式中,a、b 为经验系数,取决于顶板冒落岩石性质,其取值见表 4-1;c 为冒落岩石的压实系数,与工作面的推进速度 v_f(m/d)有关,按 $c = 1.0e^{0.1(5-v_f)}$ 计算;x 为采空区内距工作面距离,m;l 为采空区内滤流分支的长度,m;s 为采空区内滤流分支的横截面积,m^2。

表 4-1	不同岩性冒落岩石的 a、b 值	
冒落岩石种类	a	b
松软黏土岩、页岩	0.6~1.0	101~200
中硬黏土页岩	0.2~0.5	71~100
硬黏土页岩、砂岩	0.06~0.1	51~70
砂岩、石灰岩	0.03~0.05	35~50

　　根据柔性掩护支架开采采空区冒落岩石的特征、现场观测及相似模拟实验资料可知,在支架后方的碎岩石移动的过程中伴随着缓慢的筛分现象,较小的岩块集中于碎岩层下部和底板附近,较大的岩块集中于上部和顶板一侧。此外,由于掩护支架后面堆积的碎矸石是活动性较差的松散体,容易因为板状岩块彼此挤压、大块岩石形成自然平衡拱或小粒黏结性泥质岩发生黏结在离支架较远的上方造成悬空现象,但支架上总有一定厚度的碎矸石垫层紧随支架下移。随着工作面的推进,沿倾向采空区冒落岩石堆放存在不均匀性,呈现出明显的三个区域。所以,在柔性掩护支架开采环境下采空区的冒落岩石压力情况按倾向可静态地分为三个区域:无压区、受压区和压实区,如图 4-4 所示。

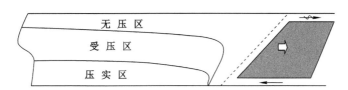

图 4-4　沿倾向采空区冒落岩石受压状况

　　在沿走向方向上,采空区冒落岩石由松散堆积的无压区逐渐过渡到受压区和压实区。冒落岩石的孔隙率分布:在无压区,孔隙率较大;在受压区,冒落岩石间的孔隙逐渐减小;在压实区,孔隙已极其微小。因漏风风阻与孔隙率密切相关,因此,随着距工作面距离的增大,漏风风阻逐渐增大,到距工作面一定距离后风阻几乎不变化,并趋近为常数。如图 4-5 所示。

　　在倾斜方向上,由于煤层倾角大,加之重力的作用,采空区顶部冒落的岩石或煤体将速度下沉到采空区底部。因此,在倾斜方向上,一般采空区底部较采空区顶部的孔隙率小,风阻大。通过分析前人研究资料(工作面矿压监测数据),得

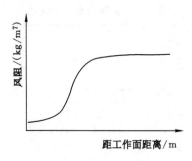

图 4-5 沿走向方向风阻变化趋势

出沿倾斜方向风阻变化规律是：从采空区上部边界到下部边界漏风风阻呈现出由小逐渐变大最后趋于稳定的趋势，如图 4-6 所示。

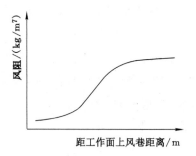

图 4-6 沿倾向方向风阻变化趋势

由式(4-3)和式(4-4)可以看出，R_1 和 R_2 仅是 x（采空区内距工作面距离）的函数，没有考虑 R_1 和 R_2 沿倾斜方向的变化，显然用上两式计算急倾斜柔性掩护支架开采环境下采空区的漏风风阻与实际是不相符的。以矿压理论和现场监测数据为依据，通过在计算机上多次试算，对式(4-3)、式(4-4)中 ax^c、$bx^{0.5c}$ 两项修正后，得出风阻 R_1、R_2 计算公式：

$$R_1 = \frac{a \cdot x^{-0.01v_f} \cdot k \cdot l}{(0.000\,725 + e^{-0.139\,8x}) \cdot (0.000\,725 + e^{0.013\,98y}) \cdot s} \qquad (4\text{-}5)$$

$$R_2 = \frac{b \cdot x^{-0.05v_f} \cdot k \cdot l}{(0.000\,725 + e^{-0.139\,8x}) \cdot (0.000\,725 + e^{0.013\,98y}) \cdot s^2} \qquad (4\text{-}6)$$

式中，H_1 为采空区中部顶板的下沉量，m；H_2 为采空区上、下边界处顶板下沉量的平均值，m；l_y 为工作面的长度，m；y 为距工作面进风巷距离，m；k 为在采

空区内沿倾斜方向上的风阻变化梯度,按下式计算:

$$k = H_1/H_2 + (1 - H_1/H_2) \cdot \sin(\pi \cdot y/l_y) \tag{4-7}$$

用改进后的公式计算柔性掩护支架开采环境下采空区的风阻值,并绘制出三维图,如图 4-7 所示。从图中可以看出,改进后的公式比较符合实际情况。

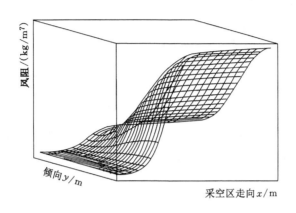

图 4-7　采空区风阻立体示意图

4.5　本章小结

本章通过分析前人的研究成果,并结合急倾斜煤层柔性掩护支架开采采空区冒落岩石的特性,提出了沿采空区倾向(从上到下)冒落岩石可分为无压区、受压区和压实区三个区域的概念,并推导出了柔性掩护支架开采采空区漏风层流风阻(R_1)、紊流风阻(R_2)的计算公式。

第5章 柔性掩护支架开采采空区火源位置分布模拟研究

柔性掩护支架开采在正常回采期间,确定采空区遗煤不出现自燃是非常重要的。本章根据采空区遗煤自燃的特点,分析引起煤体自燃的极限参数,结合柔性掩护支架开采采空区冒落岩石的特点,应用采空区漏风风阻计算公式,模拟实际条件下李嘴孜矿孔集井－140 m A₁工作面采空区漏风分布,利用极限风速法判定"三带"分布、温度场分布,为防治柔性掩护支架开采自燃火灾提供参考。

5.1 采空区"三带"划分模拟研究

为了研究采空区遗煤的自燃特性及其预防问题,从通风供氧和热量平衡是否满足遗煤发生氧化自燃要求的角度,可将采空区分为自燃和不自燃两个区域。

在通风供氧和热量平衡方面,采空区中总存在着一个满足自燃条件的区域,即有适量的漏风,并有较好的蓄热条件,氧化生热大于向外界散发的热量,具有热量积累,如果该区内有较多遗煤且存在时间大于自然发火期,则可能发生自燃。此区称为自燃区,亦称为自燃带;其余的区域则为不自燃区。

根据采空区中不自燃区所处的位置和形成的原因不同,又可将不自燃区分为散热带和窒熄带。紧靠工作面的采空区或处于漏风较大的漏风源附近及其流线上,因空隙率大、漏风强度大、风速高,虽然氧浓度能满足氧化要求,遗煤处于氧化过程之中,但由于散热大于生热,煤温不能迅速升高,故称为散热带。在采空区深部,因采空区的空隙率小、漏风量微弱、氧浓度低,不能维持正常氧化需要,氧化速度小,生热量小,散热大于生热,煤温逐渐降低,自热区逐渐消失,此即为窒熄带。

5.1.1 采空区"三带"划分条件

采空区遗煤自燃"三带",即散热带、氧化升温带和窒熄带,在生产工作面呈

动态变化,主要受工作面推进速度、工作面风量影响。三个带划分的条件如下:

(1)散热带:

$$\overline{Q} > \overline{Q}_{max} \bigcup h < h_{min} \tag{5-1}$$

(2)窒熄带:

$$C < C_{min} \tag{5-2}$$

(3)氧化升温带:

$$\overline{Q} < \overline{Q}_{max} \bigcap h > h_{min} \bigcap C > C_{min} \tag{5-3}$$

根据柔性掩护支架采空区冒落岩石的移动特征,结合柔性掩护支架采空区"三带"划分条件,则柔性掩护支架采空区"三带"范围的静态划分图如图 5-1 所示。

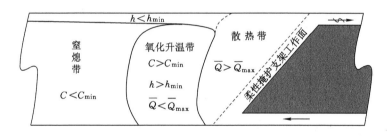

图 5-1　柔性掩护支架采空区"三带"范围的静态分布

5.1.2　采空区"三带"划分指标

定性而言,"三带"是客观存在的,但如何划分,的确是一个非常复杂的问题。由于探测手段和方法的局限,因此想要定量地准确划分是难以做到的。

目前,一些研究者提出确定划分"三带"的指标有采空区漏风风速、采空区氧浓度和采空区温升速率三种。

(1)采空区漏风风速(v):从理论上说,漏风风速相对较好,因为它可以体现氧浓度分布、氧化生热与散热的平衡关系。

通过国内外的学者研究,一般认为:$v > 0.9$ m/min 为散热带;0.02 m/min$\leqslant v \leqslant 0.09$ m/min 为氧化升温带;$v < 0.02$ m/min 为窒熄带。

(2)采空区氧浓度(c):采用氧浓度指标不能划分散热带和氧化升温带,因为在氧化升温带中氧浓度也有可能达 20% 以上。

对于划分氧化升温带和窒熄带的指标,有的研究者认为是 5%~6%;也有的认为是 8%，即氧浓度 $c<8\%$ 为窒熄带，$c>8\%$ 为氧化升温带。因为，氧化速度随氧浓度降低而减小，到底氧化速度小到何值才算之是"窒熄"，目前没有确切的标准。

（3）采空区温升速率：由于缺少深入的理论研究和实验结果，此指标目前尚难以应用。

5.2　采空区漏风场模拟

对于采空区滤流场的研究，长期以来国内外学者做了大量的工作，总起来说主要有以下三种方法：现场实际测定、实验室模拟与实验、计算机模拟。但这些研究主要集中在缓倾斜煤层采空区。由于采空区的滤流场特别复杂，冒落带一侧与采煤工作面相邻，其他各侧还有漏风通道与工作面上、下风巷相联系；边界条件特殊，冒落带的密实程度在空间分布上不均匀，并随时间的延长而变化；同时，通风系统中相关风路的风阻与通风压力分布情况也不断变化，因此，用数学方法解算这类滤流场问题是十分困难的，用模拟实验又难以做到几何条件完全相似，不能获得可靠的定量资料，而现场实测常受测试条件的限制，实际测定一般只能测定出采空区边界和局部地点的风流分布情况，为此本书运用通风网络理论并借助计算机来解算柔性掩护支架开采采空区漏风场问题。

5.2.1　漏风场物理模型

为了能与现场相结合，本书以李嘴孜矿孔集井 -140 m A_1 工作面为例进行模型建立。该工作面的煤层倾角为 $65°$，倾斜长 60 m，走向为 1 500 m，采高为 3.2 m。煤层直接顶粉砂岩厚度 2.9 m，呈灰色、块状，层面含白云母片，中夹少量细砂条带，含泥质结核，节理不发育。直接底粉砂岩厚度 1.9 m，呈灰色、块状，富含白云母片，顶部富根茎化石。工作面进风巷风量为 150 m^3/min，工作面风阻为 0.5 kg/m^7 左右，工作面推进速度为 $1\sim3$ m/d。煤层的最长自然发火期为 $3\sim6$ 个月，最短 15 天。工作面巷道示意图如图 5-2 所示。

为了便于网络解算，将采空区抽象成一个四边形，并将其平均分为 m（行）$\times$ n（列）个四边形的漏风通道，上边界长为 144.7 m，下边界长为 100 m，右边界（工作面）长为 60 m，左边界长为 40 m 每个漏风通道用一个分支代表。这样采空区由

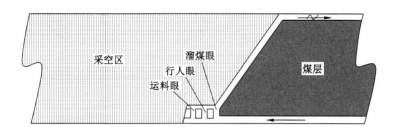

图 5-2　工作面巷道示意图

$m\times(n-1)+(m-1)\times n+3=223(条)$滤流分支组成的通风网路。同时,将分支和节点按一定规则进行编号。

节点编号:从右到左先按列对节点编号;分支编号:先给固定风量分支(如工作面)编号,然后从右到左按先列、后行给采空区分支编号。如图 5-3 所示。

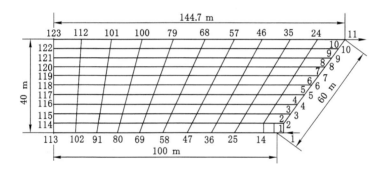

图 5-3　采空区漏风场物理模型

5.2.2　数学模型

(1) 阻力定律

即阻力二项式:

$$h=R_1Q+R_2Q^2 \tag{5-4}$$

式中,R_1、R_2 分别为层流风阻和紊流风阻,按式(4-5)和式(4-6)计算;Q 为漏风量,$\mathrm{m^3/s}$。

(2) 节点风量平衡定律

$$\sum_{j=1}^{n}a_{ij}Q_j=0 \tag{5-5}$$

式中,i 为网络中节点的编号,$i=1,2,\cdots,m$;j 为网络中分支的编号,$j=1$,$2,\cdots,n$;Q_j 为第 j 条分支的风量,$\mathrm{m^3/s}$;a_{ij} 为与第 i 节点相连的第 j 条分支的风向函数:$a_{ij}=1$ 表示第 j 条分支风流流入节点 i,$a_{ij}=0$ 表示第 j 条分支不与节点 i 相连,$a_{ij}=-1$ 表示第 j 条分支风流流出节点 i。

(3) 网孔风压平衡定律

网孔无通风能源时:

$$\sum_{\substack{i=1\sim m \\ j=1\sim n}} (R_{1ij} + R_{2ij} \mid Q_{ij} \mid)Q_{ij} = 0 \qquad (5\text{-}6)$$

网孔有通风能源时:

$$\sum_{\substack{i=1\sim m \\ j=1\sim n}} (R_{1ij} + R_{2ij} \mid Q_{ij} \mid)Q_{ij} - H_{Nij} - H_{Fi} = 0 \qquad (5\text{-}7)$$

式中,R_{1ij} 为 i 网孔第 j 分支的层流风阻,$\mathrm{N \cdot s/m^5}$;R_{2ij} 为 i 网孔第 j 分支的紊流风阻,$\mathrm{N \cdot s/m^5}$;Q_{ij} 为 i 网孔第 j 分支的风流流量,$\mathrm{m^3/s}$;H_{Nij} 为 i 网孔第 j 分支中的附加能量,如进风巷入口动压、位能、局部火风压以及调节风压等,Pa;H_{Fi} 为 i 网孔等效风压,Pa。

(4) 迭代计算中网孔风量校正值

$$\Delta Q_i^k = \frac{\displaystyle\sum_{\substack{i=1\sim m \\ j=1\sim n}} (R_{1ij} + R_{2ij} \mid Q_{ij} \mid)Q_{ij} - H_{Nij} + H_{Fi}}{\displaystyle\sum_{\substack{i=1\sim m \\ j=1\sim n}} (R_{1ij} + R_{2ij} \mid Q_{ij} \mid) - \frac{\mathrm{d}H_{Fi}}{\mathrm{d}Q_{ij}} \bigg|_{Q_i = Q_i^k}} \qquad (5\text{-}8)$$

式中,Q_i^k 为 i 网孔的第 k 次迭代近似风量,$\mathrm{m^3/s}$。

(5) 采空区漏风场风速的计算

经迭代计算求得各漏风分支的风量后,用风量除以分支横断面积,可计算出该分支代表的滤流条带的平均流速,进而按式(5-9)求得各节点风速,节点风速是判断该处有无自燃可能性的重要基础参数。任一节点的风速 v 即是流出该节点各分支风速的矢量合成,如图 5-4 所示。节点风速代表该点的流速大小及流动方向,利用其画出各流场的等风速线,确定采空区"三带"的范围。

$$v = \sqrt{v_x^2 + v_y^2} \qquad (5\text{-}9)$$

5.2.3 采空区漏风场模拟

(1) 模拟程序

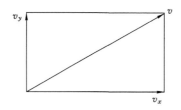

图 5-4 节点各分支风速的矢量合成

该程序用 C/C++语言对以往的网络解算程序进行改写。程序结构框图如 5-5 所示。

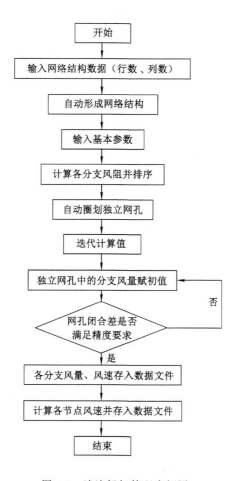

图 5-5 滤流场解算程序框图

（2）模拟条件

工作面斜长 60 m，采空区走向长取 100 m，采高为 3 m，工作面风量为 $Q_f =$ 150 m^3/min，工作面推进速度为 $y_f = 2$ m/d，煤层顶板岩性参数 $a = 0.05$、$b = $ 50，工作面风阻，$R_f = 0.5$ kg/m^7。

5.3　采空区"三带"分布

通过网络解算理论，结合采空区漏风风阻计算公式，计算出各节点风速。用 Matlab 软件调用各节点风速数据文件，并用线性插值的方法计算出采空区各点漏风风速，绘制出采空区漏风风速等值线分布图。按漏风风速作为指标进行"三带"划分，并绘制出采空区漏风风速分别等于 0.02 m/s 和 0.001 m/s 的等风速线，分别作为散热带与氧化带和自燃带与窒熄带的分界线。

采空区漏风范围在距工作面下口 40 m 左右的地方，氧化带在距工作面下口 10～40 m 之间的范围内。此结果与实际基本相符。

5.4　采空区温度场模拟研究

准确地确定采空区高温火源点位置是矿井预防和扑灭采空区遗煤自然发火的关键。以前国内外在这方面的研究方法主要有统计分析法、气体分析法和测温法。近年来，随着计算机技术的发展，借助计算机来解算采空区温度场已成为一大趋势。研究采空区火源分布，即是研究采空区温度场，首先必须运用传热学理论与多孔介质的理论知识，对采空区的热力状况进行分析，从而建立采空区温度场的数学模型。

5.4.1　多孔介质层中热量传输方式及传输途径

采空区的热力过程十分复杂，它受采空区冒落岩石的分布、瓦斯、含水量大小以及空气流动状态等多种因素的影响。但总的来说，热量的传输一般仍包括导热、对流换热和辐射换热三种基本方式。

（1）导热

煤矿采空区受周围环境的影响以及由于滤流速度在多孔介质层中分布的差异，采空区各个区域的散热量不尽相同，因此，多孔介质层内不同区域之间将存在温差,热量将从高温部分传向低温部分。

傅立叶定律从宏观上表达了在流体或固体连续介质中以导热方式所传输的热量为:

$$q = -\lambda \operatorname{grad} t \tag{5-10}$$

式中,q 为热流密度,W/m^2;λ 为导热系数,$W/(m \cdot ℃)$;$\operatorname{grad} t$ 为温度梯度,$℃/m$。

(2) 对流换热

工作面在回采过程中,风流从进风巷进入,流入采场多孔介质层的风流温度与采场温度不同,在采场中必然发生空气对流换热。多孔介质层在矿井总负压(或正压)等外力作用下产生的热量迁移过程属于受迫对流换热;风流流经多孔介质层时,空气流内部产生温度差,由温差而导致密度差,从而在空气流内部发生分子扩散的换热,这种对流换热属于自由对流换热。显然,采空区多孔介质层中同时存在着自由对流换热和受迫对流换热,但主要表现为受迫对流换热。

牛顿经过大量实验研究,总结出了对流换热热量的数学表达式:

$$q = h \cdot \Delta t \tag{5-11}$$

式中,q 为热流密度,W/m^2;h 为对流换热系数,$W/(m^2 \cdot ℃)$;Δt 为温差,$℃$。

(3) 辐射换热

这种传热方式的机理本质上是电磁波辐射。由于辐射传热是在高温物体与周围环境温差很大的情况下才具有实际意义,因此,在采空区中除了煤炭发生剧烈氧化、出现明火或火焰外,研究煤炭处于缓慢氧化的采空区温度场时,辐射传热不是主要因素,一般均不考虑或把辐射换热量折算成对流换热量,相应地加大换热系数来考虑辐射换热的因素。

5.4.2　数学模型的建立

5.4.2.1　基本假定

采空区多孔介质层中的热力过程十分复杂,影响因素很多,为研究问题方便,本书拟做以下假定:

(1) 采空区内遗煤、冒落岩石与空气等混合物视为各向同性、均匀一致的多孔介质层。

(2) 采空区内漏风的流动为二维平面无旋运动。

(3) 在采空区中,遗煤氧化的方程式简化为:$C + O_2 \rightarrow CO_2 + 热量$,其反应速度满足阿累尼乌斯定律。

（4）仅考虑多孔介质层内固体骨架的导热以及滤流的对流换热,孔隙间的辐射换热折算成对流换热量按相应加大换热系数来处理。

（5）忽略空气热膨胀的影响,不计水分蒸发和瓦斯解析,同时将固体、气体的物性参数视作常数,不考虑随温度的变化。

（6）在气流中不存在热源、热汇,气流各组分之间没有化学反应。

5.4.2.2 能量平衡方程

（1）气体的能量平衡方程

在采空区中取一微元体,则其内部的气体能量变化包括三部分：① 气体对流带入的热量；② 气体与固体的对流换热带入的热量；③ 由于热弥散作用在气体间传输的热量。因此,气体的能量平衡方程为：

$$\frac{\partial(n\delta_g t_g)}{\partial\tau} = -\left[\frac{\partial(nu\delta_g t_g)}{\partial x}\right] + \left[\frac{\partial(nv\delta_g t_g)}{\partial y}\right] + nk_g\left(\frac{\partial^2 t}{\partial x^2} + \frac{\partial^2 t_g}{\partial y^2}\right) + h_g(t_s - t_g)$$

$$(5-12)$$

式中,u、v 分别为采空区内 X、Y 方向上的漏风风速,m/s；δ_g 为采空区中气体的当量体积总热容,J/(m³·K)；k_g 为采空区中气体的热传导系数,J/(m·K·s)；h_g 为气体在采空区孔隙间的对流换热系数,J/(m²·K·s)；t_s、t_g 为采空区中固体和气体的温度,℃。

式(5-12)中,左边一项为采空区微元体中气体的蓄热量随时间的变化率,右边第一项为漏风带入的热量,第二项为气体之间的换热量,第三项为气固之间的换热量。

（2）固体的能量平衡方程

$$\frac{\partial[(1-n)\delta_g t_g]}{\partial\tau} = (1-n)k_s\left(\frac{\partial^2 t_g}{\partial x^2} + \frac{\partial^2 t_g}{\partial y^2}\right) + h_g(t_g - t_s) + q_h \quad (5-13)$$

式中,δ_s 为采空区内遗煤与冒落岩石的当量总热容,J/(m³·K)；K_s 为采空区内遗煤与冒落岩石的导热系数,J/(m²·K·s)；q_h 为采空区遗煤氧化发热量,J/(m³·s)。

式(5-13)左边一项为采空区微元体中固体蓄热量随时间的变化,右边第一项为采空区固体间的导热量,第二项是通过对流换热作用于气体与固体间的换热量,第三项是采空区遗煤氧化放热量。

因采空区中气体与遗煤、冒落岩石之间温差很小,为研究问题方便可以忽略此温差,即认为 $t_g = t_s = t$,在此条件下,式(5-12)和式(5-13)合并后的气固总能量平衡方程可简化为:

$$\left[(1-n)\partial_s + n\partial_g\right]\frac{\partial t}{\partial \tau} = -n\partial_g\left[\frac{\partial(ut)}{\partial x} + \frac{\partial(vt)}{\partial y}\right] +$$

$$\left[(1-n)k_s + nk_g\right]\left(\frac{\partial^2 t}{\partial x^2} + \frac{\partial^2 t}{\partial y^2}\right) + q_h \tag{5-14}$$

令 $\delta_0 = (1-n)\delta_s + n\delta_g$,$k_0 = (1-n)k_s + nk_g$,则方程可化为:

$$\partial_0 \frac{\partial t}{\partial \tau} = -n\partial_g\left(\frac{\partial(ut)}{\partial x} + \frac{\partial(vt)}{\partial y}\right) + k_0\left(\frac{\partial^2 t}{\partial x^2} + \frac{\partial^2 t}{\partial y^2}\right) + q_h \tag{5-15}$$

式(5-15)即为采空区温度场的数学模型。

(3) 采空区遗煤氧化发热量 q_h 的确定

煤的自热升温过程是一个很复杂的物理化学过程,根据物理化学的气固相动力学原理,煤自热产生的热量为:

$$q_h = \Delta h \cdot r \tag{5-16}$$

式中,q_h 为遗煤的氧化发热量,$J/(m^3 \cdot s)$;Δh 为每摩尔煤自热氧化生成的热量,J/mol;r 为单位体积内碎煤的氧化速度,$mol/(s \cdot m^3)$。

采空区是由遗煤、冒落岩石等组成的混合物,根据阿累尼乌斯提出的氧速度方程可以得到采空区遗煤的氧化反应速度:

$$r = n \cdot r_0 \cdot f_{cv} \cdot a \cdot e^{-E/(RT)} \tag{5-17}$$

式中,n 为采空区多孔介质孔隙率;r_0 为频率因子,又称指数前因子,$mol/(m^3 \cdot s)$;a 为采空区中的氧浓度;E 为遗煤的氧化反应活化能,J/mol;R 为通用气体常数,8.314 $J/(mol \cdot K)$;T 为采空区遗煤的绝对温度,K;f_{cv} 为采空区多孔介质的反应比面积(m^2/m^3),用下式计算:

$$f_{cv} = a_c \cdot \rho_c \cdot f_c \tag{5-18}$$

式中,a_c 为采空区遗煤百分比;ρ_c 为遗煤的密度,kg/m^3;f_c 为遗煤的反应比面积,m^2/m^3。

由式(5-16)和式(5-17)可得采空区遗煤的发热量计算式:

$$q_h = \Delta h \cdot n \cdot r_0 \cdot a_c \cdot \rho_c \cdot f_c \cdot a \cdot e^{-E/(RT)} \tag{5-19}$$

5.5 采空区温度场的数值计算方法

采空区温度场通常是用偏微分方程来表达的,有限差分法是求解偏微分方程的一种有效方法,并且由于采空区一般是规则的矩形区域,因此可以采用有限差分法来解算。有限差分有多种格式:前向差分、后向差分、中心差分和迎风差分等。

5.5.1　采空区区域离散化

为便于运用有限差分法,必须将采空区离散为若干单元格,各单元格间的交点为格点或节点,用求得的格点的温度值来代替采空区区域的温度值。

5.5.2　将偏微分方程化为有限差分方程

为了得到有限差分方程,可对偏微分方程(5-15)做以下处理:

(1)用前向差分格式来简化方程式左边的时间导数:

$$\frac{\partial t}{\partial \tau} = \frac{(t'_{i,j} - t_{i,j})}{\Delta \tau} \tag{5-20}$$

式中,$t_{i,j}$、$t'_{i,j}$分别为τ、$\tau + \Delta \tau$时刻(X_i, Y_j)处的采空区温度值,K;$\Delta \tau$为时间增量,s。

(2)用迎风差分格式来简化方程式右边第一项,并假设:

$$\begin{cases} u_{\mathrm{f}} = (u_{i+1,j} + u_{i,j})/2, u_{\mathrm{b}} = (u_{i-1,j} + u_{i,j})/2 \\ v_{\mathrm{f}} = (v_{i,j+1} + v_{i,j})/2, v_{\mathrm{f}} = (v_{i,j-1} + v_{i,j})/2 \end{cases} \tag{5-21}$$

式中,u_{f}、u_{b}分别表示在X轴方向上(i,j)格点的前半格和后半格处的平均风速,m/s;v_{f}、v_{b}分别表示在Y轴方向上(i,j)格点的前半格和后半格处的平均风速,m/s;$u_{i,j}$、$v_{i,j}$分别表示(i,j)格点处X方向和Y方向的漏风风速,m/s。则

$$p_1 = [\partial(ut)/\partial x]_{i,j} = [(u_{\mathrm{f}} - |u_{\mathrm{f}}|)t_{i+1,j} +$$
$$(u_{\mathrm{f}} + |u_{\mathrm{f}}| - u_{\mathrm{b}} + |u_{\mathrm{b}}|)t_{i,j} - (u_{\mathrm{b}} + |u_{\mathrm{b}}|)t_{i-1,j}]/2h \tag{5-22}$$

$$p_2 = [\partial(vt)/\partial y]_{i,j} = [(v_{\mathrm{f}} - |v_{\mathrm{f}}|)t_{i+1,j} +$$
$$(v_{\mathrm{f}} + |v_{\mathrm{f}}| - v_{\mathrm{b}} + |v_{\mathrm{b}}|)t_{i,j} - (v_{\mathrm{b}} + |v_{\mathrm{b}}|)t_{i,j-1}]/2h \tag{5-23}$$

(3)用中心差分格式来简化方程式右边第二项:

$$p_3 = [\partial^2 t/\partial x^2 + \partial^2 t/\partial y^2]_{i,j} = (t_{i+1,j} + t_{i-1,j} + t_{i,j+1} + t_{i,j-1} - 4t_{i,j})/h^2 \tag{5-24}$$

(4)方程右边第三项的差分格式:

$$p_4 = (q_h)_{i,j} = n \cdot \Delta h \cdot r_0 \cdot f_{\mathrm{cv}} \cdot a_{a,j} \cdot \mathrm{e}^{-E/(RT)} \tag{5-25}$$

根据式(5-20)～式(5-25),可得到采空区温度场有限差分形式:

$$t'_{i,j} = t_{i,j} + \Delta\tau(ap_1 + ap_2 + bp_3 + p_4) \tag{5-26}$$

式中，$a = -n\delta_\mathrm{g}/\delta_0, b = k_0/\delta_0$。

5.6　采空区温度场的解算

由式(5-25)及式(5-26)可知，采空区任一点的温度都涉及该处氧浓度值，而实际上采空区温度场与氧浓度场本身就是相互联系在一起的。因此，在解算温度场前有必要讨论一下氧浓度的分布规律。

5.6.1　采空区氧浓度场数学模型

（1）采空区氧浓度分布规律

采空区内遗煤的自燃与采空区中氧浓度的分布是相互联系、相互影响的，由于采空区遗煤的氧化发热量直接与氧浓度有关，因此，采空区中氧浓度的分布规律决定了采空区遗煤的自燃情况，而遗煤的氧化又使采空区不同区域的氧气消耗存在差异，进而导致采空区的氧浓度分布不均匀。采空区中的氧气是随着采空区风流的运动而迁移的，氧气在采空区中的运动包括对流扩散和分子扩散两个过程。当漏风风速较大时，对流扩散是主要的，当漏风风速较小时，分子扩散起主要作用。采空区氧浓度的分布除与氧气的对流及分子扩散有关以外，还受采空区温度分布的影响，因为采空区遗煤的氧化是造成采空区氧浓度分布不均匀的主要原因，而遗煤氧化耗氧量是与采空区的温度有关的。

（2）采空区氧浓度质量平衡方程

在采空区中取一微元体，设氧质量浓度为 a，采空区孔隙率为 n，则微元体内氧质量浓度为 na。微元体内氧质量浓度随时间的变压化量由以下三部分组成：① 由气体对流带入的氧气质量；② 由气体扩散带入的氧气质量；③ 由于遗煤的氧化作用而消耗掉的氧气质量。根据以上分析，则采空区氧气质量平衡的微分方程为：

$$\frac{\partial(na)}{\partial\tau} = -\left[\frac{\partial(nua)}{\partial x} + \frac{\partial(nua)}{\partial y}\right] + nD\left[\frac{\partial^2 a}{\partial x^2} + \frac{\partial^2 a}{\partial y^2}\right] - r \tag{5-27}$$

即

$$\frac{\partial a}{\partial\tau} = -\left[\frac{\partial(ua)}{\partial x} + \frac{\partial(ua)}{\partial y}\right] + D\left(\frac{\partial^2 a}{\partial x^2} - \frac{\partial^2 a}{\partial y^2}\right) - r/n \tag{5-28}$$

式中，D 为采空区氧气的扩散系数，$\mathrm{m^2/s}$。

式(5-28)中,左边一项表示采空区微元体内氧气质量浓度随时间的变化量,右边的三项依次表示由于对流、扩散导致的氧浓度变化量和由于遗煤的氧化而使氧浓度减少的量。此式即为采空区氧浓度场数学模型。

5.6.2 采空区氧浓度场的数值计算

从以上分析可以看出,采空区氧浓度场和温度场的数学模型非常相似,因而可用求解温度场的方法来求解氧浓度场。按照与温度场类似的方法,将采空区氧浓度场偏微分方程离散为有限差分方程。

(1)用前向差分格式来简化偏微分方程左边的时间导数:

$$\frac{\partial a}{\partial \tau} = \frac{(a'_{i,j} - a_{i,j})}{\Delta \tau} \tag{5-29}$$

式中,$a_{i,j}$、$a'_{i,j}$ 分别为 τ、$\tau + \Delta \tau$ 时刻 (X_i, Y_j) 处的采空区空区氧的质量浓度;$\Delta \tau$ 为时间增量。

(2)用迎风差分格式来简化方程式右边第一项:

$$q_1 = [\partial(ua)/\partial x]_{i,j} = [(u_f - |u_f|)a_{i+1,j} +$$
$$(u_f + |u_f| - u_b + |u_b|)a_{i,j} - (u_b + |u_b|)a_{i-1,j}]/2h \tag{5-30}$$
$$q_2 = [\partial(va)/\partial y]_{i,j} = [(v_f - |v_f|)a_{i,j+} +$$
$$(v_f + |v_f| - v_b + |v_b|)a_{i,j} - (v_b + |v_b|)a_{i,j-1}]/2h \tag{5-31}$$

(3)用中心差分格式来简化方程式右边第二项:

$$q_3 = [\partial^2 a/\partial x^2 + \partial^2 a/\partial y^2]_{i,j} = (a_{i+1,j} + a_{i-1,j} + a_{i,j+1} + a_{i,j-1} - 4a_{i,j})/h^2 \tag{5-32}$$

(4)方程右边第三项的差分格式:

$$q_4 = (r/n)_{i,j} = r_0 \cdot f_{cv} \cdot a_{i,j} \cdot e^{-E/(RT_{i,j})} \tag{5-33}$$

根据式(5-27)～式(5-33),可得到采空区温度场有限差分形式:

$$a'_{i,j} = t_{i,j} + \Delta \tau(-p_1 - p_2 + Dp_3 - p_4) \tag{5-34}$$

5.7 采空区温度场模拟结果

通过网络解算理论,结合漏风场模拟结果,对采空区温度场模拟高温点的位置出现在走向距离工作面 10～40 m、倾向距离进风巷 10～30 m 的位置。模拟结果与采空区"三带"划分位置基本一致。但是,从结果中还可以看出,采空区高温点温度并不高。说明在以李嘴孜矿孔集井－140 m A₁工作面实际条件作为模拟的边界条件的情况下，该采空区没有出现自燃现象，这与实际相符。

5.8　本章小结

本章首先分析了采空区"三带"的划分条件；然后通过建立采空区漏风模型，再借助前人网络解算理和编程的基础上模拟采空区漏风场的分布，通过数值分析、计算软件 Matlab 采用数值插分方法，计算出漏风风速等于 0.02 m/s 和 0.001 m/s 的等风速线图，并以此作为划分采空区"三带"的指标，绘制出采空区"三带"的静态分布图；最后通过建立采空区温度场计算模型，模拟采空区温度场分布，确定采空区高温点位置，为明确火源位置分布提供依据。

第6章 煤炭自燃防控实践

李嘴孜矿孔集井所开采的 A_1 煤层存在严重自然发火危险性,自然发火期最短,只有 15 天左右。即将开采的 -140 m A_1 工作面下部为 $-250\sim-140$ m 的采空区,采空区内有 3 个生根眼煤柱,存在自燃的物质基础和漏风。在 -140 m A_1 工作面机巷掘进过程中,向其上部和下部打钻,对钻孔的气样分析结果表明,其中存在 CO 气体,浓度大小不等,此表明下部采空区内存在遗煤氧化现象。为了预防 -140 m A_1 工作面在准备和开采过程中发生自然发火,就李嘴孜矿孔集井 -140 m A_1 工作面煤炭自燃防控技术进行了研究,并应用防治方法有效地控制该工作面在掘进和回采过程中煤层自然发火,保证了该工作面的安全生产。

6.1 工作面概况

地面位置:李嘴孜矿孔集井位于淮凤公路以北 220 m,东边界位于王家路以东 597 m,西边界位于王家路以西 1 330 m,地表为平坦耕地。

井下位置及四邻采掘情况:工作面位于 -140 m 水平 $W_1\sim W_4$ 采区,东边界位于工厂煤柱线,西边界位于 W_4 石门线,走向长 1 500 m。本块段以东为工厂煤柱,以西 A_1、A_3 未采,本面上方为 A_1、A_3 煤层防水煤柱,本面下方 -250 m 水平 W_4 石门线至 W_1 石门线之间 A_1、A_3 已采,W_1 石门线至工厂煤柱线之间 A_1、A_3 未采。

工作面走向长 1 500 m,煤层倾斜长 40 m,面积 60 000 m^2。工作面采区巷道布置如图 6-1 所示。煤层总厚 3.2 m,煤层结构无夹矸,煤层倾角 65°。A_1 煤层黑色、呈块状,具有沥青油脂光泽,属半光亮型、煤层结构简单、发育稳定的中厚煤层。

煤层顶底板情况:直接顶粉砂岩厚度 2.9 m,呈灰色、块状,层面含白云母

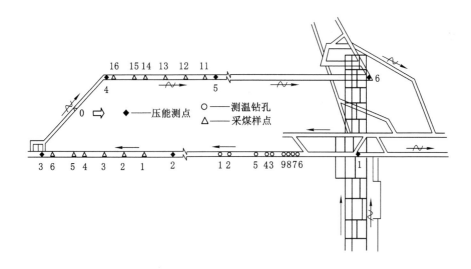

图 6-1　工作面巷道布置示意图

片,中夹少量细砂条带,含泥质结核,节理不发育。直接底粉砂岩厚度 1.9 m,呈灰色、块状,富含白云母片,顶部富根茎化石。

地质构造:本段煤层走向 303°～305°,倾角 NE∠65°,为急倾斜单斜煤层。煤层结构简单,不会受到大的断层影响。但由于－250 m 水平 A 组煤 W_2～W_4 段的开采,所以本段煤层－140 m 标高向上将产生冒落带和裂隙带。根据钻孔法和声波 CT 法探测,最大裂高为 36.82 m。－140 m 煤巷将在冒落带中掘进,煤层冒落形成采空区,煤层松软,顶底板破碎,煤厚、结构及其顶底板变化较大,－105 m 煤巷将在裂隙带中掘进,煤层及其顶底板裂隙增多,煤厚、结构及其顶底板受－205 m 水平 A 组煤 W_2～W_4 段的采动影响,但变化不大。

水文地质情况:A_3 煤层顶板为砂岩裂隙含水层,虽含水性弱,但遇破碎带和裂隙带富水性增强;A_1 底板为太原群灰岩含水层,由于－250 m 水平 A_1、A_3 煤层的开采,对－250 m 以上的太灰进行了疏水降压,预计本阶段太原群灰岩基本疏干。本块段基岩面标高为－14.6～－43.6 m,距－105 m 煤巷防水煤柱垂高为 61.4～90.4 m。

6.2 温度检测预测煤层自燃

巷道松散煤体及周围介质温度的升高直接反映着煤的氧化程度。所谓测温法,就是测定井下煤与周围介质的温度变化情况。测温法是发现煤炭自热和探寻高温点及火源的最直接、可靠的方法,但巷道松散煤体内部温度的测温技术尚未完全解决。目前,探测煤的自然发火的测温仪主要有以下两种。

(1) 红外线测温仪

美、俄、英、德等国已成功地利用红外线技术预测预报井下自燃火灾,如红外线测温仪和红外热成像仪成功地检测了煤壁、煤柱与遗煤堆的自燃,其中美国使用的红外线探测仪是米开莱-44 型和普诺贝艾型红外热成像仪;英国使用 649型红外成像仪和改良型 M.E.L1045 型直流热成像仪;俄罗斯采用卡瓦思替型红外辐射指示仪。实验表明,红外技术对于测量煤堆、露头、巷壁煤柱的自燃十分有效,但是它只能探测出物体表面与仪器垂直物体的温度,而且要求中间无遮挡物,因此,不适应于巷道松散煤体内部或相邻采空区内部的温度检测。

(2) 温度传感器

目前常用的温度传感器有热电阻、热电偶、AD590 温度传感器等。热电阻和热电偶的工作原理是热电效应。其预测巷道松散煤体可能发火区域和高温点的方法是在产生自然发火概率较高的区域埋设测温热电偶探头,远距离连续检测巷道松散煤体的温度,研究其温度分布及温度变化的规律。这种方法具有预测可靠、直观的优点;缺点是:点接触预测预报范围较小,安装、维护工作量大,特别是探头、引线极易破坏。

在煤自热过程中温度的变化直接反映了煤的自热程度,因此在产生自燃火源频率较高和可能发火的区域预埋测温探头,定时检测采空区遗煤温度,对于研究采空区中煤温随时间的变化规律、预报煤炭自热程度均是直接而有效的措施之一。因此,在本次预测中采用了预埋热电偶测温的方法。

6.2.1 热电偶的布置

测温钻孔布置在 −140 m 回风巷的顶板中部,一共布置了 9 个钻孔,钻孔及热电偶位置见表 6-1,钻孔布置位置示意图如图 6-1 所示。每个钻孔里装有 3 个热电偶,埋藏深度分别是 1.5 m、3 m 和 5 m,一共埋了 27 个热电偶。

表 6-1　　　　　　　　　　　　钻孔及热电偶位置

钻孔序号	距三岔门距离/m	埋热电偶编号
1#	385.8	1#、11#、21#
2#	332	2#、12#、22#
3#	94	3#、13#、23#
4#	98.1	4#、14#、24#
5#	143	5#、15#、25#
6#	41	6#、16#、26#
7#	47.3	7#、17#、27#
8#	52.1	8#、18#、28#
9#	62	9#、19#、29#

6.2.2　测定结果

数据处理结果如图 6-2～图 6-10 所示。

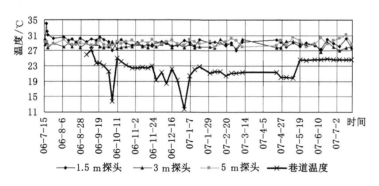

图 6-2　1# 钻孔测定数据结果分析图

通过对测定数据的分析可以看出,1.5 m 深的测温探头温度变化最大的是 8# 探头,相差 7.32 ℃;变化最小的是 7# 探头,相差 4.41 ℃,平均变化相差 5.6 ℃。3 m 深的测温探头温度变化最大的是 25# 探头,相差 8.36 ℃;变化最小的是 21# 探头,相差 3.24 ℃,平均变化相差 4.82 ℃。5 m 深的测温探头温度变化最大的是 19# 探头,相差 6.94 ℃;变化最小的是 11# 探头,相差 3.02 ℃,平均变化相差 5.05 ℃。引起变化的可能原因是:天气的变化或读数时的误差。由此可见,各地点温度基本没有变化,说明煤层还没有自热(自燃)的现象。

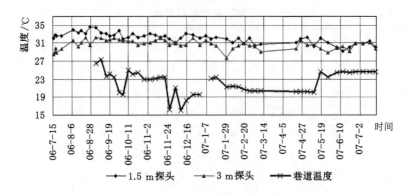

图 6-3 2# 钻孔测定数据结果分析图

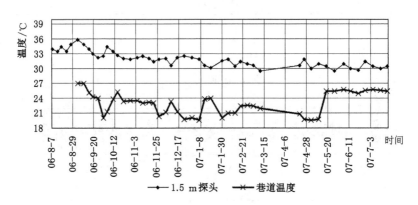

图 6-4 3# 钻孔测定数据结果分析图

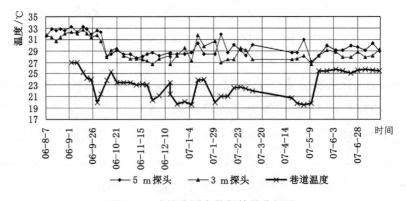

图 6-5 4# 钻孔测定数据结果分析图

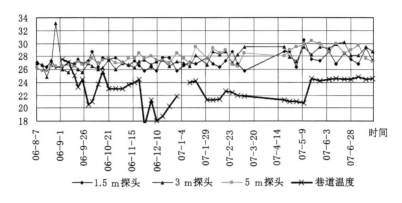

图 6-6　5[#]钻孔测定数据结果分析图

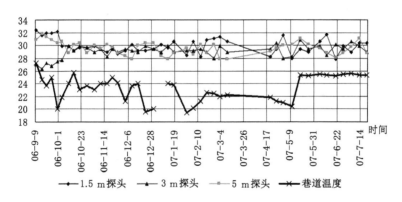

图 6-7　6[#]钻孔测定数据结果分析图

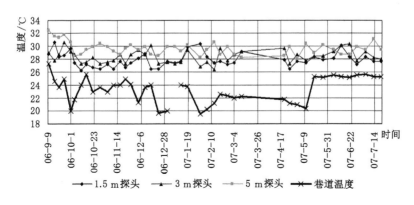

图 6-8　7[#]钻孔测定数据结果分析图

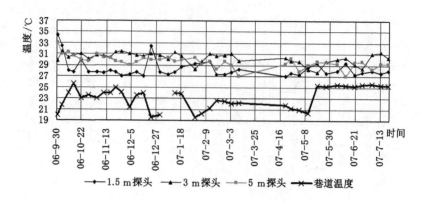

图 6-9　8$^\#$钻孔测定数据结果分析图

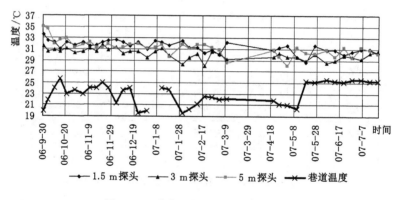

图 6-10　9$^\#$钻孔测定数据结果分析图

6.3　指标气体预测煤层自燃

根据煤样实验室实验结论,优选一氧化碳(CO)、乙烷(C_2H_6)、乙烯(C_2H_4)和丙烷(C_3H_8)作为自燃早期预报的指标气体。应用如下:

(1)当回风流中检测到 CO 气体且有稳定增加趋势时,标志煤温 $t > 40\ ℃$。

(2)当风流中检测到 C_2H_6 气体且有稳定上升趋势时,煤温 $t > 120\ ℃$。

(3)当风流中检测到 C_2H_4 气体且有稳定上升趋势时,煤温 $t > 130\ ℃$。

(4)当风流中检测到 C_3H_8 气体且有稳定上升趋势时,煤温 $t > 140\ ℃$。

通过在工作面回风流中采集气样,经矿井专用色谱仪分析发现,气体成分中没有乙烷、乙烯和丙烷气体;气体成分中虽有一氧化碳,且一氧化碳浓度表现出不稳定,但一氧化碳浓度没有稳步上升趋势。由此说明该煤层温度没有超过40 ℃,煤层没有发生自热(自燃)现象。此结果与温度检测预测结果相符。

6.4　均压防治技术

均压防灭火的实质是:利用风窗、风机、调压气室和连通管等调压设施,改变漏风区域的压力分布,降低漏风压差,减少漏风,从而达到抑制遗煤自燃、惰化火区,或熄灭火源的目的。均压的概念始于 20 世纪 50 年代,由波兰学者汉·贝斯特朗提出,20 世纪 60 年代在一些采煤技术发达的国家竞相采用,多次获得成功。与此同时,我国在淮南、开滦、阜新、抚顺、芙蓉和六枝等矿区开始推广应用,并在应用中使这一技术不断完善和发展。最初,这一技术只应用于加速封闭火区内火源的熄灭,以后又应用于抑制非封闭采空区里煤炭的自热或自燃,同时保证工作面正常安全生产。

6.4.1　调压设施均压防灭火的原理

6.4.1.1　节风窗调压的原理

如图 6-11(a)所示,在并联风路Ⅰ分支中安装调节风窗后,风路中增加了风阻,使其风量减少。风量变化引起本分支和相邻分支压力分布改变。

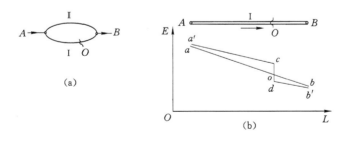

图 6-11　调节风窗调压原理

在图 6-11(b)中,aob 和 $a'codb'$ 分别为安装风窗前、后的压力坡度线,对比两者可见:

(1)风窗上风侧风流压能增加,下风侧风流压能降低;A 点风流压能增加,B 点风流压能降低,其增加和降低的幅度取决于风窗的阻力和该分支在网路中所处的地位。

（2）因风量减小，风窗前、后风路上的压力坡度线变缓。

由上述分析可见，风窗调压的实质是增阻减风，改变调压风路上的压力分布，以此达到调压目的。因此，其应用是以本风路风量可以减少为前提条件的。

6.4.1.2　风机调压的原理

在需要调压的风路上安装带风门的风机（实质上是辅助通风机），利用风机产生的增风增压作用，改变风路上的压力分布，达到调压的目的。若在图 6-11(a)的Ⅱ分支上安装带风门的风机，且使其风量大于原来风量，调压前、后Ⅱ分支压力坡度线如图 6-12 所示。

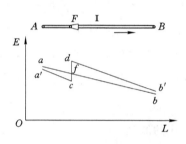

图 6-12　风机调压原理

afb 和 $a'cfdb'$ 分别为调压前、后的压力坡度线。对比两者可见：

（1）风机的上风侧（AF 段）风流的压能降低，下风侧（FB 段）风流的压能增加；其降低和增加幅度随距风机的距离增大而减小。

（2）因风路上风量增加，故其压力坡度线变陡；在Ⅱ分支上安装风机后，对与其并联的Ⅰ分支将产生下列影响：风量减小，但减小值小于Ⅱ分支的风量增加值，减小程度取决于所安装风机的能力及其该分支在网路中的地位，压力坡度线的坡度变缓。应该指出的是，单独使用调压风机调压是以增加风量为前提的。

6.4.1.3　柔性掩护支架开采采空区自燃火源的调压处理

采空区火源产生的位置取决于采空区内堆积的遗煤和漏风分布。因此，采用调压法处理采空区的自燃火源之前，必须首先了解可能产生火源的空间位置及其相关的漏风分布，以便进行有针对性的调节。

（1）采空区的漏风形式

采空区的漏风基本上可分为并联漏风和角联漏风两种。

① 并联漏风

图 6-13(a)是后退式开采 U 形通风系统工作面采空区漏风分布平面示意图。为了便于分析问题,常常把这种漏风简单化成一个始、末端分别为工作面下、上口,与工作面风路相并联的等效风路,如图 6-13(b)中的虚线所示。

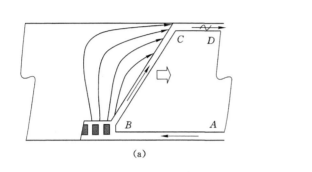

(a)　　　　　　(b)

图 6-13　采空区并联漏风

② 角联漏风

采空区内除存在并联漏风外,还有部分漏风与其他风巷发生联系,这种漏风叫角联漏风。图 6-14(a)是李嘴孜矿同时开采层间距较近两层煤时,因两工作面间的错距较小(20 m 左右),造成上、下工作面采空区相互连通,而产生对角漏风。实际上,对角漏风可能发生在采空区的一个条带上,在研究问题时为方便起见,漏风路线简化为对角支路,如图 6-14(b)中的 2→5 虚线所示。

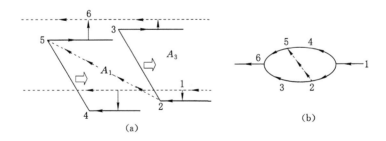

(a)　　　　　　(b)

图 6-14　采空区角联漏风

(2) 并联漏风范围内的高温点或火源的调压处理

在采取调压处理之前,首先应判断高温点或火源在漏风带中的大致位置。

① 当火源或高温点处于如图 5-7 所示的氧化升温带中后部(靠近窒熄带)

时,则可用降低漏风压差(工作面通风阻力)的方法,减小漏风带宽度,使窒熄带覆盖高温点。其措施有:a. 在工作面进风或回风中安设调节风窗,或稍稍启开与工作面并联风路中的风门;b. 在工作面下端设风障或挂风帘,如图 6-15 所示。

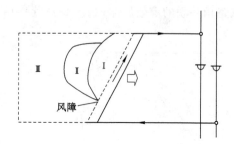

图 6-15　工作面下端挂设风帘后"三带"分布

② 高温点位于自燃带的前部(靠近散热带附近)或工作面的下部采空区时,采用减小风量的方法不能使其被窒熄带覆盖时,一般也可采用在工作面下端挂风帘的方法来减小火源所在区域内的漏风,同时加快工作面的推进速度,使窒熄带快速覆盖高温点。

(3)角联漏风的调压

调节角联漏风要在风路中适当位置安装风门和风机等调压装置,降低漏风源的压能,提高漏风汇的压能。如图 6-16 所示,3→6 和 4→5 为工作面,采空区内漏风通道即为角联分支,漏风方向 3→5。为了消除对角漏风,可改变相邻支路的风阻比,使之保持:

$$\frac{R_{23}}{R_{37}} \approx \frac{R_{25}}{R_{57}} \tag{6-1}$$

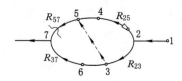

图 6-16　角联漏风的调压

据此可实施下列方案:a. 在 5→7 分支中安设调节风窗,以增大 R_{57},提高 5 点压能;b. 如果要求工作面的风量不变,可在 5→7 分支安设风窗的同时,在 2→4 分支(工作面进风巷)安设调压风机,采用联合调压;c. 在条件允许时,还可在进风巷 2→3 安风窗,在回风巷 5→7 安风机进行降压调节。应该强调指出的是,调压所采用的各种措施应以保证安全生产和现场条件允许为前提。角联漏风的调节要注意调节幅度,防止因漏风汇的压能增加过高,或漏风源的压能降得过低,导致漏风反向。为了防止盲目调节,可在进行阻力测定的基础上,根据调节压力,预先对调节风窗的面积进行估算,并在调压过程中注意火区动态监测,掌握调压幅度。

6.4.2　压能测定

(1)测定方法

根据预防-140 m A_1 工作面在准备和开采过程中发生自然发火的要求,本次测定采用了气压计逐点测定法。

气压计逐点测定法的步骤是:使用两台精密气压计,一台放在基点(本次测定基点选在副井上口)不动,每隔一定时间(10 min)读一次大气压力值,记下读值时间,观测大气压力随时间的变化规律,以便校正测定仪器的大气压力;另一台仪器从基点开始,沿预先选定的测定路线逐点测量各点的绝对压力和相对压力,并记下测定时间。同时,还测量各测点及其相关风路断面上的平均风速、断面积、干湿球温度以及测段长度。如此进行,直到终点。

(2)测定路线

为满足预防-140 m A_1 工作面在准备和开采过程中发生自然发火的需要,以及根据压能测定的要求,结合巷道实际情况,分别在工作面掘进期间对-140 m 与-250 m 的采场及其周围巷道分别进行测定和正常回采期间对机风巷进行测定。测定路线图分别如图 6-17 和图 6-1 所示。

(3)测定结果

采用数值插分方法计算出相同水平距离的压能,结果分别如图 6-18 和图 6-19所示。由图 6-18 可以看出,-250 m 的压能要高于-140 m 的压能,风流将有从-250 m 巷道向-140 m 巷道漏风的可能。由图 6-19 可以看出,机巷的压能和风巷的压能相差较大。

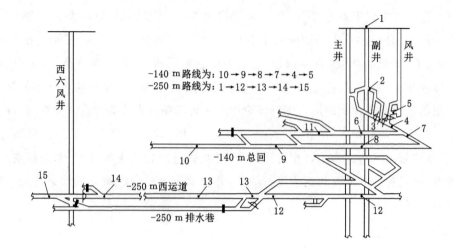

图 6-17　掘进期间压能测定路线图

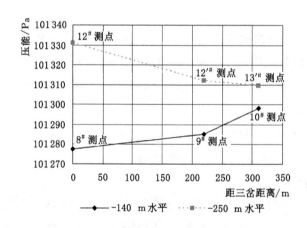

图 6-18　掘进期间压能测定结果

6.4.3　均压措施

（1）控制风量

鉴于 A 组煤瓦斯含量极小（回采时每面 CH_4 绝对涌出量为 0.2 m^3/min），可充分利用−140 m 水平总回风调节风窗，在保证稀释瓦斯、炮烟及满足风速要求的前提下，控制工作面及采空区压差。工作面回采期间，工作面风量保持在 150 m^3/min 左右，A_1 总回风保持在 250～300 m^3/min。

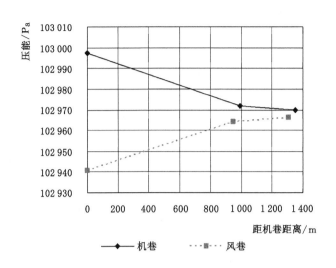

图 6-19 正常回采期间压能测定结果

（2）工作面采用均压通风

由于孔集井属低瓦斯矿井，采用均压防火较适宜，即掩护支架工作面在回风巷设置调节风窗，在运输巷设带风门的局部通风机通风，以抑制工作面上方采空区及后方采空区漏风。这种方法效果十分明显，目前被广泛采用。

工作面采用均压通风，即工作面贯通前在 −105 m 石门 A_3 以北设置两道调节风门，在 A_3 槽与绞车窝联络巷设置一道调节风墙，工作面贯通后及时进行通风系统调整，确保工作面风量保持在 150 m^3/min，减小工作面上、下端口负压差。

6.5 防堵漏风通道

6.5.1 灌浆防火机理

灌浆就是把黏土、粉碎的页岩、电厂飞灰等固体材料与水混合、搅拌，配制成一定浓度的浆液，借助输浆管路注入或喷洒在采空区里，达到防火和灭火的目的。

灌浆防灭火的作用为：浆液充填煤岩裂隙及其孔隙的表面，增大氧气扩散的阻力，减小煤与氧的接触和反应面；浆水浸润煤体，增加煤的外在水分，吸热冷却煤岩;加速采空区冒落煤岩的胶结,增加采空区的气密性。灌浆防火的实质是:抑制煤在低温时的氧化速度,延长自然发火期。

6.5.2 灌浆措施

(1) 埋管注浆

此方法是把黏土等固体材料与水混合、搅拌,配制成一定浓度的浆液,借助输浆管路注入采空区,以达到防灭火的目的。即在采面上、下风巷回柱放顶前,预埋灌浆管道 $10\sim15$ m,上、下风巷回柱放顶后始终保持预埋管压在采空区 $5\sim8$ m。注浆管上每 10 m 做一切口,随着工作面的推进,采用边采边灌。运输巷注浆管的切口对准溜斗眼口。这种向工作面采空区均匀注浆的方式能使护架工作面后方获得一定的浆量,且采后利用管道对采空区再进行集中注浆,能起到较好的预防效果。但管路外移与回柱放顶、护架安装等工序易发生交叉作业而相互干扰,这对于大采厚采面推进度的影响尤为突出。故这种注浆方式对于大采厚采面的防火适应性差。

(2) 顶板走向钻孔注浆

回采前分别在回风巷煤层顶板设钻场,沿走向对工作面后方采空区布置钻孔。钻场间距一般 $50\sim70$ m,钻孔为 $3\sim5$ 个,钻孔终孔直径为 $50\sim70$ mm;回采中,当下部护架水平回收段最后溜斗眼过注浆终孔位置时,即通过该孔对采空区注浆,注新孔时,老孔同时复注,注浆量与注浆时间以不影响生产为原则。架下有人时,禁止注浆。这种注浆方式与回采工作平行作业,注浆空间大,覆盖面广,防火效果好,适应性强。

(3) 随采随洒阻化剂防火

采用气动喷雾枪把高压泵输道的浆液压成雾状洒入上风巷回棚后采空区的落煤内,每班一次,喷洒量以护架下刚结水滴为宜,对上方采空区适当增大用量。这种方法具有施工工艺简单、投资少等优点,但对于抑制掩护支架工作面中下部采空区自然发火效果不明显。

具体注浆方法如下:

① 工作面回采期间,加强随采随灌。在工作面回采期间,在上风巷每隔 $50\sim60$ m 施工一个钻场,利用高位顺层钻孔对工作面注浆和注三相泡沫。每个钻场内布置 $6\sim8$ 个防火孔,两钻场间钻孔压茬不少于 10 m,钻孔终孔位置与巷顶之间高度控制在 10 m 范围内,并利用工作面上、下风巷顶板侧注浆地沟或向下施工钻

孔,加注黄泥浆或工业盐等防火材料。

②采空区注浆。在工作面上风巷采空区敷设一路 $\phi50$ mm 的注浆管,并可利用移动注氮设备在机巷向采空区内注入氮气。

③工作面机巷注浆。工作面回采期间,在工作面机巷敷设一路 $\phi50$ mm 的注浆管,并利用机巷防火钻场对采空区进行注浆。

6.5.3　注浆要求

(1)在工作面上风巷底板侧每隔 5 m 打单排锚杆,锚杆长度 1.6 m,外露 200 mm。

(2)根据上、下风巷推进度,上风巷每隔 30 m、机巷每隔 25 m,在预埋注浆管上凿出 4 个直径不小于 5 mm 的出浆孔。当出浆点埋入采空区 10 m 后,及时利用预埋注浆管注浆。

(3)工作面采空区注浆每天不少于一次,且要安排在工作面架内出完煤以后进行,注浆前生产队要将架内点柱打齐,管理好顶板、眼口,确保工作面安全注浆。

(4)利用工作面回风巷采空区埋管及回风巷防火钻孔注浆和三相泡沫时,采用间歇式注浆,每次连续注浆时间不超过 90 min,并在工作面平架头拐点处及上下风巷内观察架内及钻场注浆情况,当发现工作面架内及平巷内出水或出浆时,必须立即停止注浆。机尾采空区埋管注浆见出水即停,注浆时间不超过 3 h。

(5)工作面每次注浆前要求架尾各小眼全部放空。

(6)工作面每次注浆泥水比应不大于 1∶5。

(7)注意工作面推进度,如发现工作面推进不正常,组织相关单位到工作面进行鉴定,研究对策并落实相关单位执行。通风区要加强工作面防火检查,并加大工作面注浆量。

6.6　注氮预防自燃

6.6.1　氮气防灭火原理

(1)稀释(窒熄)作用

氮气是不可燃气体,注入火区或采空区后,使空气的氮气含量增加,氧气含量则相对降低,当空气中氧气含量降低到10%以下,煤炭的氧化速度显著降低,基本可消除自燃的危险性;当空气中氧气含量降到5%以下时,燃烧的火源就会因缺氧而熄灭。

(2)液氮灭火的冷却降温作用

在20℃的环境温度下,液氮的汽化热为423 kJ/kg。直接用液氮注入火区时,液氮汽化,吸收热量,使火区气体、煤层和围岩的温度降低,火区冷却会加速火源熄灭。

(3)稀释抑爆作用

在封闭火区的过程中,火区内可燃气体发生爆炸是造成人员伤亡的主要原因之一。氮气注入火区后,其内的可燃气体浓度降低,氧浓度也会降低,具有稀释效果,可以使救灾人员处于一个安全的环境之中。

6.6.2 注氮措施

氮气是一种无毒的不可燃气体,既可以迅速有效地扑灭明火,又可以防止采空区遗煤自燃。氮气注入采空区后,不仅能降低氧浓度,而且具有冷却降温作用。掩护支架工作面在推进时,在运输巷向采空区预埋注氮管,向工作面后方采空区注氮,注入的氮气将借助于漏风,从而散布在采空区内。结合掩护支架工作面后方的自燃"三带"分布特点和回采推进度,注浆管伸入采空区10~15 m为宜,采用连续注氮。这种方法简单、效果好,但储存和运输困难,成本较高。具体做法如下:

(1)工作面回采期间,在−105 m W₁石门内设置注氮车间,采用SM455A型移动注氮设备,并安装、调试好,确保能够正常使用。注氮管采用铁管,连接至工作面机巷2#防火钻场以西10 m处,并与机巷注浆管合茬,并分开闸阀控制。工作面出现自然发火隐患时,利用注氮管路向采空区注入氮气。

(2)采空区实施注氮期间,测气员要检查工作面架头的氧气浓度,当氧气浓度低于17%时,架头、采空区禁止作业,人员撤至新鲜风流处,并减少采空区注氮量。

(3)工作面爆破后,护架未疏通前,停止向采空区注氮。

(4)工作面采空区及机尾回棚前,测气员要先检查采空区及机尾氧气浓度,如氧气浓度低于17%时,严禁进行回棚工作。

(5)采空区实施注氮期间,当发现管路有跑(漏)气现象时,要立即停止向采空区注氮,对管路进行处理。

6.7　本章小结

　　在李嘴孜矿孔集井-140 m A$_1$ 工作面掘进期间,煤层中预埋热电偶,检测煤层温度,掌握煤层温度变化情况,为采取预防措施提供指导;在掘进和正常回采期间采用均压技术,控制漏风;在工作面正常回采期间,利用灌浆封堵采空区漏风通道,并结合注氮措施有效防止了采空区煤层自燃;通过分析回风流气体成分,有效预报煤层状态。由此可见,通过一系列的预测、预报和预防措施有效地防止了该工作面在掘进和回采期间煤层自燃,从而保证了该工作面的安全回采。

第 7 章　结论与展望

7.1　结论

急倾斜煤层开采时,巷道掘进率高,漏风通道多,工作面推进速度慢,丢煤量大。因而自然发火比较频繁。急倾斜煤层在我国已探明的储量中占 4%,全国有 70 多个煤田开采急倾斜煤层。柔性掩护支架采煤法是目前开采急倾斜煤层比较常用的方法,也是国家推荐的开采急倾斜煤层的方法之一。因此,研究柔性掩护支架采煤工作面自然发火的特征及防治,显得特别重要。本书通过理论研究、计算机模拟、实验室实验分析和现场应用相结合的研究方式,主要得出以下结论:

(1) 在实际条件下,影响柔性掩护支架开采采空区遗煤自燃的外在因素主要包括:遗煤透气性、漏风强度、煤(岩)体导热性、采空区遗煤厚度、工作面推进速度、工作面长度、煤层倾角和地质因素。

(2) 柔性掩护支架开采火源位置常发生在:工作面架尾、溜煤斜巷和工作面交叉处,巷道顶部高冒区,靠近煤层顶板侧的巷道。

(3) 柔性掩护支架开采自然发火的特点:发火位置不易确定;采空区自燃高温区域范围大且隐蔽;采空区自燃火灾灭火难度大,灾情难以消除;回采期间存在采空区二道自燃火灾威胁。

(4) 建立了以预防为主,早期预报作先导,注浆、注氮为核心,其他防灭火技术相结合,预防柔性掩护支架开采自燃防控体系。

(5) 通过实验室实验研究得出:李嘴孜矿孔集井－140 m A$_1$ 工作面煤层自燃倾向性等级是 II 级,属于自燃煤层;优选一氧化碳、乙烷、乙烯和丙烷作为自燃早期预报的指标气体,并提出 CO 预报煤层自燃的判断方法。

(6) 在总结前人的研究成果基础上,结合急倾斜煤层柔性掩护支架开采采空区冒落岩石特性,提出了沿倾向(从上到下)采空区的冒落岩石可分为无压区、受压区和压实区三个区域的概念,推导出了柔性掩护支架开采采空区漏风层流风阻(R_1)、紊流风阻(R_2)的计算公式。

(7)分析了采空区"三带"的划分条件;模拟出了采空区漏风场的分布,计算出漏风风速等于 0.02 m/s 和 0.001 m/s 的等值线,并以此作为划分采空区"三带"的指标,划分出采空区"三带"的静态分布图;模拟出了采空区温度场分布,确定采空区高温点的分布位置:在走向距离工作面 10~40 m、倾向距离进风巷 10~30 m 的位置。

(8)结合理论研究和实验研究的成果,基于可应用与可推广的理念,把研究结论与实验结论应用到了预防李嘴孜矿孔集井-140 m A$_1$ 工作面自燃防控实践中。通过一系列的预测、预报和预防措施有效地防止了该工作面在掘进和回采期间煤层的自燃。从而保证了该工作面的安全回采。

7.2 展望

笔者继承和发展了前人的研究成果,对柔性掩护支架开采自燃防控技术进行了研究,取得了一些有价值的研究成果,得出了一些新的认识。由于笔者的知识水平有限,在本研究过程中还存在一些不足,要更深入、全面地研究柔性掩护支架开采自燃特性及防治,还需进行下列方面的研究:

(1)通过研究柔性掩护支架采煤法的特点,结合煤层自燃特性,研究柔性掩护支架开采采空区遗煤自燃的自然发火期。

(2)通过相似模拟实验及现场观测,深入研究采空区冒落岩石和煤体孔隙分布特性。

(3)数值模拟方面有待进一步完善。

参 考 文 献

[1] 鲍庆国,文虎,王秀林,等.煤自燃理论及防治技术[M].北京:煤炭工业出版社,2002.

[2] 常坦祥.Y型通风工作面采空区防灭火技术研究[D].合肥:安徽建筑大学,2015.

[3] 陈庆丰.屯宝煤矿近距离煤层开采综合防灭火技术研究与应用[D].北京:煤炭科学研究总院,2017.

[4] 陈永峰.煤矿自然火灾防治[M].北京:煤炭工业出版社,2004.

[5] 陈震.急倾斜煤层水平分段综放采空区自燃特点及防治技术应用研究[D].太原:太原理工大学,2011.

[6] 代高飞,尹光志,余海龙,等.急倾斜采煤工作面矿压显现规律研究[J].采矿与安全工程学报,2001(2):15-16.

[7] 戴广龙.综采放顶煤工作面采空区漏风与氧气浓度分布规律研究[J].矿业安全与环保,2001,28(3):12-13.

[8] 高建良,刘明信,徐文.高抽巷抽采对采空区漏风规律的影响研究[J].河南理工大学学报(自然科学版),2015,34(2):141-145.

[9] 高明中.急倾斜煤层开采岩移基本规律的模型试验[J].岩石力学与工程学报,2004,23(3):441-441.

[10] 郭玉森.采空区漏风规律的研究[J].煤矿开采,2001(1):66-67.

[11] 何启林,郑旺来.注氮对综放面采空区内氧的浓度和"三带"宽度的影响[J].煤矿开采,2006,11(2):4-5.

[12] 何启林.煤低温氧化性与自燃过程的实验及模拟的研究[D].徐州:中国矿业大学,2004.

[13] 何元东,杭银建,费万朝,等.伪倾斜柔性掩护支架回采面发火状况与对策[J].煤炭科技,2003(3):48-50.

[14] 黄伯轩.采场通风与防火[M].北京:煤炭工业出版社,1992.

[15] 黄志安,童海方,张英华.采空区上覆岩层"三带"的界定准则和仿真确定[J].工程科学学报,2006,28(7):609-612.

[16] 蒋金泉.采场围岩应力与运动[M].北京:煤炭工业出版社,1993.

[17] 焦作矿业学院,阜新矿业学院.采煤概论[M].北京:煤炭工业出版社,1980.

[18] 鞠文君,李前,魏东,等.急倾斜特厚煤层水平分层开采矿压特征[J].煤炭学报,2006,31(5):558-561.

[19] 康雪,张庆华.采空区漏风流场相似材料模拟研究[J].中国安全科学学报,2015,25(9):53-58.

[20] 旷儿意,彭奏平,杨伟山,等.柔性掩护支架工作面"拱架"成因及预防处理措施[J].江西煤炭科技,2003(4):20-21.

[21] 兰泽全.多源多汇采空区速度场、瓦斯浓度场和温度场计算机模拟[D].淮南:安徽理工大学,2001.

[22] 李丽,王振领.MATLAB 工程计算及应用[M].北京:人民邮电出版社,2001.

[23] 李佩全,李俊斌.淮南矿区大倾角煤层采煤方法初探[J].煤炭技术,2003,22(5):31-33.

[24] 李栖凤.急倾斜煤层开采[M].北京:煤炭工业出版社,1984.

[25] 李宗翔,顾润红,张晓明,等.基于 RNG k-ε 湍流模型的 3D 采空区瓦斯上浮贮移[J].煤炭学报,2014,39(5):880-885.

[26] 李宗翔,海国治,秦书玉.采空区风流移动规律的数值模拟与可视化显示[J].煤炭学报,2001,26(1):76-80.

[27] 李宗翔,王雅迪,李林.上行风流火灾 3D 矿井通风系统灾变过程仿真[J].煤炭学报,2015,40(1):115-121.

[28] 李宗翔,许端平,刘立群.采空区自然发火"三带"划分的数值模拟[J].辽宁工程技术大学学报,2002,21(5):545-548.

[29] 李宗翔,衣刚,武建国,等.基于"O"型冒落及耗氧非均匀采空区自燃分布特征[J].煤炭学报,2012,37(3):484-489.

[30] 李宗翔.综放采空区防灭火注氮数值模拟与参数确定[J].中国安全科学学报,2003,13(5):53.

[31] 刘佳佳,王丹,高建良.高抽巷抽采负压对采空区漏风及自燃带的影响[J].黑龙江科技大学学报,2016,26(4):362-367.

[32] 刘剑,赵凤杰.粒度对煤的自燃倾向性表征影响[J].煤矿安全,2006,37(5):4-6.

[33] 刘增平,崔琛,孙爱东,等.易燃煤层自燃特性参数实验测试[J].煤矿安全,2005,36(10):42-45.

[34] 马砺,宋先明,文虎,等.超长综放面煤层自燃火灾防治技术研究[J].煤炭工程,2006(3):58-60.

[35] 蒲文龙,张国华.大倾角厚煤层柔掩支架采煤关键技术[J].采矿与安全工程学报,2006,23(3):366-369.

[36] 蒲文龙.大倾角厚煤层开采技术研究[D].阜新:辽宁工程技术大学,2005.

[37] 钱建兵.注凝胶技术在处理巷道高冒区中的应用[J].矿业安全与环保,2003,30(6):50-51.

[38] 秦汝祥,戴广龙,闵令海,等.基于示踪技术的 Y 型通风工作面采空区漏风检测[J].煤炭科学技术,2010,38(2):35-38.

[39] 邵辉,戴广龙.浅析煤炭自燃指标气体的优选与使用[J].煤炭科学技术,1996(9):43-46.

[40] 沈杰.伪斜柔掩工作面支架受力分析[J].煤炭工程,2003(4):47-49.

[41] 石平五,高召宁.急斜特厚煤层开采围岩与覆盖层破坏规律[J].煤炭学报,2003,28(1):13-16.

[42] 宋永津.煤矿均压防灭火[M].北京:煤炭工业出版社,2002.

[43] 苏全治.综采面采空区自燃"三带"变化规律研究[D].太原:太原理工大学,2012.

[44] 隋艳.煤自燃倾向性色谱吸氧鉴定浅谈[J].煤质技术,2007(2):5-7.

[45] 唐明云,戴广龙,秦汝祥,等.综采工作面采空区漏风规律数值模拟[J].中南大学学报(自然科学版),2012,43(4):1494-1498.

[46] 唐明云,张国枢,戴广龙,等.基于通风网络理论及试验的采空区自燃"三带"分析[J].安全与环境学报,2011,11(5):184-187.

[47] 汪成兵,张盛,勾攀峰,等.急倾斜煤层开采上覆岩层运动规律模拟研究[J].河南理工大学学报(自然科学版),2003,22(3):165-167.

[48] 王海东.急倾斜煤层内巷道自然发火原因及对策[J].矿业安全与环保，2003,30(S1):99-100.

[49] 王惠宾,胡卫民,李湖生.矿井通风网络理论与算法[M].徐州:中国矿业大学出版社,1996.

[50] 王凯,吴征艳,邵昊.尾巷改变采空区瓦斯流场的数值模拟研究[J].采矿与安全工程学报,2012,29(1):124-130.

[51] 王雷,杨胜强.采空区自燃"三带"分布规律及其数值模拟研究[J].能源技术与管理,2006(3):12-14.

[52] 王亮,张人伟,裴晓东,等.综放工作面采空区自燃"三带"的试验研究[J].煤矿现代化,2005(5):21-22.

[53] 王省身,张国枢.矿井火灾防治[M].徐州:中国矿业大学出版社,1990.

[54] 王卫军,朱川曲,谢东海,等.急倾斜煤层巷道放顶煤理论与实践[M].北京:煤炭工业出版社,2001.

[55] 王文才,张伟,张培,等.采空区注氮的数值模拟[J].煤炭技术,2018(2):142-145.

[56] 王显军.急倾斜煤层回采时防灭火研究及应用[J].煤炭技术,2004,23(9):55-56.

[57] 王永湘.利用指标气体预测预报煤矿自燃火灾[J].煤矿安全,2001,32(6):15-16.

[58] 文虎,徐精彩,薛韩玲,等.煤自燃氧化放热效应的影响因素分析[J].煤炭转化,2001,24(4):59-63.

[59] 文自娟,唐海,吕栋梁,等.利用 COMSOL 软件模拟低渗油田非线性渗流规律[J].石油钻采工艺,2015(4):72-75.

[60] 谢军,薛生.综放采空区空间自燃"三带"划分指标及方法研究[J].煤炭科学技术,2011,39(1):65-68.

[61] 谢振华,金龙哲,任宝宏.煤炭自燃特性与指标气体的优选[J].煤矿安全,2004,35(2):10-12.

[62] 徐精彩,文虎,邓军.煤层自燃胶体防灭火理论与技术[M].北京:煤炭工业出版社,2003.

[63] 徐精彩.煤自燃危险区域判定理论[M].北京:煤炭工业出版社,2001.

[64] 颜松.谢一矿综采工作面采空区遗煤低温氧化特性与自燃防治技术研究[D].合肥:安徽理工大学,2015.

[65] 杨军,周开放,陈向军,等.柠条塔煤矿110工法采空区漏风规律及防治对策[J].煤炭技术,2018(2):145-148.

[66] 杨开道,郑秀安.急倾斜煤层自燃防治浅析[J].矿业安全与环保,2001,28(S1):42-44.

[67] 杨明,高建良,冯普金.U型和Y型通风采空区瓦斯分布数值模拟[J].安全与环境学报,2012,12(5):227-230.

[68] 杨胜强,徐全,黄金,等.采空区自燃"三带"微循环理论及漏风流场数值模拟[J].中国矿业大学学报,2009,38(6):769-773.

[69] 杨胜强,张枚润,王大强.瓦斯立体抽采系统中采空区漏风实测及模拟研究[J].煤炭科学技术,2013,41(3):63-65.

[70] 杨勇,史惠堂.应用示踪技术检测矿井采空区漏风[J].中国煤炭,2009,35(2):52-55.

[71] 杨运良,程磊.采用均压技术防止综放采空区自然发火[J].煤矿安全,2003,34(2):20-21.

[72] 叶正亮.双指标划分采空区自燃"三带"的数值模拟[J].煤矿安全,2012,43(3):1-5.

[73] 尹光志,鲜学福,代高飞,等.大倾角煤层开采岩移基本规律的研究[J].岩土工程学报,2001,23(4):450-453.

[74] 尤建明.急倾斜放顶煤工作面两道自然发火原因及防治对策[J].甘肃科技,2010,26(4):130-132.

[75] 余明高,常绪华,贾海林,等.基于Matlab采空区自燃"三带"的分析[J].煤炭学报,2010(4):600-604.

[76] 张国枢,戴广龙.煤炭自燃理论与防治实践[M].北京:煤炭工业出版社,2002.

[77] 张国枢.通风安全学[M].徐州:中国矿业大学出版社,2000.

[78] 张宏伟,张文军,王新华.急倾斜厚煤层顶板运动规律与柔性掩护支架受力分析[J].辽宁工程技术大学学报,2005,24(1):57-59.

[79] 张立志.急倾斜煤层底板下滑的浅析[J].煤炭技术,2001,20(12):24-24.

［80］张玫润,杨胜强,程健维,等.一面四巷高位瓦斯抽采及浮煤自燃耦合研究［J］.中国矿业大学学报,2013,42(4):513-518.

［81］张瑞华.伪倾斜柔性掩护支架工作面在回采中多次着火原因分析［J］.煤矿安全,1994(4):27-29.

［82］张睿卿,唐明云,戴广龙,等.基于非线性渗流模型采空区漏风流场数值模拟［J］.中国安全生产科学技术,2016,12(1):102-106.

［83］张学博,靳晓敏.“U＋L”型通风综采工作面采空区漏风特性研究［J］.安全与环境学报,2015,15(4):59-63.

［84］张铮,杨文平,石博强.Matlab 程序设计与实例应用［M］.北京:中国铁道出版社,2003.

［85］朱敏川.采用综合治理技术预防急倾斜煤层自燃［J］.矿业安全与环保,2002,29(2):33-34＋37.